U0159135

The Gut-Immune Connection

肠生不老

肠寿，才能长寿

[美] 埃默伦·迈耶(Emeran A. Mayer)　著

潘宇雷　译

中国出版集团

中译出版社

著作权合同登记号：图字 01-2023-4706 号

图书在版编目（CIP）数据

肠生不老 / (美) 埃默伦·迈耶著; 潘宇雷译. -- 北京：中译出版社，2024.2（2024.2 重印）
书名原文：THE Gut-Immune CONNECTION: How Understanding the Connection Between Food and Immunity Can Help Us Regain Our Health
ISBN 978-7-5001-7596-4

Ⅰ.①肠… Ⅱ.①埃… ②潘… Ⅲ.①肠道微生物—研究②食谱 Ⅳ.① Q939 ② TS972.12

中国国家版本馆 CIP 数据核字 (2023) 第 207735 号

肠生不老

著　　者：[美] 埃默伦·迈耶
译　　者：潘宇雷
策划编辑：刘　钰
责任编辑：刘　钰
营销编辑：赵　铎　王珩瑾　刘　畅　魏菲彤
版权支持：马燕琦

出版发行：中译出版社
地　　址：北京市西城区新街口外大街 28 号普天德胜大厦主楼 4 层
电　　话：(010) 68002494（编辑部）
邮　　编：100088
电子邮箱：book@ctph.com.cn
网　　址：http://www.ctph.com.cn

印　　刷：北京盛通印刷股份有限公司
经　　销：新华书店
规　　格：710 mm×1000 mm　1/16
印　　张：18
字　　数：220 千字
版　　次：2024 年 2 月第 1 版
印　　次：2024 年 2 月第 2 次印刷

ISBN 978-7-5001-7596-4　　　　　定价：79.00 元

版权所有　　侵权必究
中　译　出　版　社

感谢我的病人，是他们让我明白了肠道健康的重要性。

感谢成千上万的读者，是他们鼓励我写出了现在这本书。

致米诺，她一直是我创作的源泉。

推荐序

陈涛

中国科学院生物物理所博士

广东省人体微生态工程技术研究中心主任

广东南芯医疗科技有限公司创始人、董事长

　　站在时间长河中，回溯千万年，自人类诞生以来，微生物就与人类共同进化。微生物与人体的互作一直在进行、一直在进化，然而我们并不完全了解它。如何利用微生物更好地服务健康生活，避免微生物感染引发的各种疾病，是我们人类永恒的话题。越来越多的基础研究结果表明，人体微生态全面影响着人类的发育、衰老、疾病和健康，"人类第二基因组"的称号实至名归。本书作者埃默伦·迈耶探讨了饮食与肠道健康、免疫功能以及慢性非传染性疾病之间的联系。

　　现代饮食习惯，对人类的肠道微生物群落产生了长期压力，影响了肠道健康，进而可能导致一系列慢性疾病，包括肥胖、代谢综合征、心血管疾病、糖尿病、癌症、认知功能下降等。通过改善饮食习惯，特别是增加植物来源性食物、益生菌类食物的摄入，可调节肠道微生物多样性、改善肠道健康、提高机体代谢与免疫水平，从而对整体健康产生积极影响。迈耶博士在书中指出，微生物组学技术的发展揭示了微生物在健康和疾病中的作用，而网络科学的应用则帮助我们理解了生物网络的复杂性。该研究为治疗慢性疾病提供了新的视角，比如，肠道微生物组与脑—肠轴的相互作用在多种脑部疾病中起着关键作用，包括抑郁症、帕金森病和阿尔茨海默病。运动、睡眠、土壤健康以及饮食对肠道微生物群的调节作用，能够促进身体健康，还能改善心理健康，甚至可能延缓认知衰退。这些研究让我们意识到健康不仅仅是一种生理状态，而且是一种生活态度。通过调整生活方式，我们可以与体内的微生物群建立更加和谐的共生关系，从而实现真正的健康长寿。"大健康"理念，这是一个跨学科的视角，将人类健康、动植物健康、微生物健康以及环境健康视为一个相互联系的整体。迈耶博士建议我们采取可持续的饮食模式，以恢复和维持肠道微生物群的健康，从而改善整体健康。这些观点和我国的中医学巨著《黄帝内经》的核心观点高度统一。此外，迈耶博士还提供了一系列健康食谱，旨在通过饮食改善肠道微生物群落的健康，从而促进机体的整体健康。

通过阅读此书，更加明确了我的两个观念：健康的生活方式和饮食习惯对于维护肠道微生物群的平衡至关重要；科学的微生态制剂产品通过对人体的干预、调整，甚至重塑、逆转菌群结构，可以有效改善、治疗人体亚健康与疾病状态。为此，明确自然增龄、重大疾病人群的人体微生物组图谱至关重要，这一方向也入选了《国家中长期科学的技术发展规划》。产业应用方向，筛选稳定、有效、安全的菌株，解决好发酵工艺，延伸更多的应用领域，多维度、深层次地调整人体微生态结构是值得我们思考的核心问题。

我本人及团队长期以来深耕人体微生态的研究，专注于肠道微生态的临床医学和健康管理，建立肠道菌群疾病诊断模型。我们在世界长寿之乡梅州蕉岭的长寿家族研究，发现了肠菌 - 宿主共代谢的关键通路；我们在健康婴儿肠道分离的副干酪乳杆菌，具有令人振奋的提升免疫的作用，我们的多种研究成果揭示了肠道微生物群在调节免疫系统、保持心理健康以及与慢性疾病发生发展中的重要作用。同时我们发现，利用菌株丰富的代谢属性，将中药、植物提取物等这些本就证明对人体肠道有效的物质，发酵后获得的微生态制剂产品，有效性远超单类物质。在此，我也呼吁更多的基础与转化研究关注这个方向，通过微生态研究和应用，不仅能让人类更健康、更美丽、更长寿、更幸福，还能够使得我们在生物农业、生物能源、生物环保、生物材料等领域发掘更多新机会，使得我们的地球充满生机和活力。

《肠生不老》是一部跨学科的杰作，是一本对现代人生活方式和饮食习惯提出深刻反思的书。它不仅为那些关心自身健康和寻求改善生活质量的读者提供了宝贵的信息，也为医疗专业人士和研究人员提供了新的视角和研究方向。无论你是寻求改善个人健康，还是对微生态基础与应用有需求，这本书都将为你提供丰富的知识和启发。诚然，过去10年微生态领域快速发展，大量认知也在不断更新，随着科学证据不断充实、产品研发不断深入，以及消费者认知度不断提升，益生菌/菌种产品无论是数量还是质量，都进入了迅速提升的新时代。菌株本身的差异，菌株多样性的不同，发酵过程的差异，菌株后期处理工艺的不同，受试者所处的年龄阶段、身体状态等，都会影响微生态制剂的效果，而不仅仅是活菌数。对此，我们也要进行需要多维度思考，让微生态造福人类，让益生菌成为人类微生态和健康的领航者。

序言

在我的上一本书《第二大脑》中，我详细介绍了大脑与生活在肠道中的数万亿微生物是如何通过各种方式进行交流，并深刻影响着我们的大脑、肠道和健康的。这些观点是我作为一名消化内科医师[①]，花了30年的时间研究病人大脑和肠道之间的相互作用之后得出的。

但是，在过去的 5 年里，研究界（甚至整个世界）都发生了巨大的变化：虽然微生物组学技术继续呈指数级增长，许多早期临床前研究的结果也已经被人体研究所证实，但是正在展开的、多层面的公共健康危机，已经席卷美国，甚至全球许多国家的很大比例的人群。正在流行的肥胖症和其他代谢性疾病，不仅涉及大脑，还涉及许多其他器官。与此同时，就在我写这本书的时候，世界正陷入一场大流行病中，一种看不见的微生物占据了舞台中心，使社会的许多部分突然停止，令人恐慌地展现着微生物那独特和近乎无限的力量。

尽管我长期以来一直秉承着生命整体观，但我的科研经历却最终带我绕了一个圈，从对脑-肠相互作用生物学还原论的关注，回到了人类健康、环境健康和微生物组相互关联的观念，而饮食在这些相互关联中发挥着关键作用。理解其复杂性并找到摆脱当前危机的方法，这种观念带有对食品、健康和环境的生态观和系统观的要求。受思想、情绪、生活方式以及所吃食物的影响，我们体内的"对话"不断展开，而这些因素

[①] gastroenterologist 直译是胃肠病专家，在国内对应的就是消化内科医师或消化内科专家。——译者注

之间的交换是一个循环，在这个过程中，大脑影响着肠道菌群的信号，然后反馈给大脑和身体。

如果这个系统中出现"沟通不畅"，将会损害肠道中数百万免疫细胞的调节功能，导致免疫系统被长期不恰当地激活。这种慢性免疫激活不仅会增加肠道黏膜的渗透性，还会扩散到全身，使得人体更容易罹患一些慢性非传染性疾病。这些疾病包括肥胖症、代谢综合征、糖尿病和心脏病，还有帕金森病、自闭症谱系障碍、抑郁症，甚至导致患者认知能力加速减退，最终患上阿尔茨海默病。正如我们在当前这场疫情中了解到的那样，肠道免疫系统受损也使我们对新冠等病毒性流行病的易感性增加，患病严重程度加深。

所有与脑-肠-微生物相互作用的改变有关的疾病，在过去的 10 年里患病率都急剧地上升，如今已经达到了公共健康危机的水平。这些引人注目的数字不仅说明了问题的范围，还表明了许多非传染性疾病之间的相关性。尽管在医疗卫生系统的帮助和制药工业集团的支持下，这些疾病的死亡率不再升高，甚至能够降低其中一些疾病的死亡率，但是在世界各地包括那些发展中国家的年轻人，这些疾病的总体患病率依然在继续上升。

这就是网络科学观念与系统生物学思想变得至关重要的原因。从分子基因网络、微生物网络到疾病网络和地球自然生态系统，对于这些网络系统的大规模相互作用，这些具有普遍性、概念性的方法已经成为理解生物相互作用的必要条件。开始听起来像是某种深奥难以理解的理论，但实际上它已经成为一种重要的科学方法，提供了对于健康和疾病的批判性的整体理解。这里就以植物（我们的食物）和土壤（植物生长的环境）的相互作用为例。随便提一句，土壤本身携带大量的微生物。土壤中的微生物与植物根系相互作用，为植物的生长提供了必要的微量元素和土壤有机物质。肠道菌群与肠壁上的免疫细胞、激素产生细胞、神经细胞组成的网络系统相互作用，类似于土壤微生物与植物根系的交流方式，甚至使用一些相同的细胞信号分子。网络科学正被应用于了解土壤微生物与植物的相互作用，以及食物、肠道菌群和我们身体的相互作用。

　　除了不良饮食，慢性应激①和负面情绪也会影响脑-肠-微生物网络，即不健康饮食造成的负面影响也会体现为情绪的动荡和压力②，这两种看似无关但经常同时出现的作用是相互增强的。这是因为受到调节压力的肠道连接组产生的细胞信号分子，特别是低级免疫激活产物和许多神经活性递质被反馈到大脑，并对改变之后的脑-肠互动进行了强化。事实上，现在越来越明显的是，这种涉及肠道菌群及其代谢产物的循环交互，以及肠道中相关的免疫激活，是导致几种慢性大脑疾病的病因，尤其是抑郁症、自闭症谱系障碍、帕金森病和阿尔茨海默病。

　　因此，为了解并最终克服人类目前的健康问题，包括慢性非传染性疾病和危及生命的急性流行病。我们不能再继续从一种新药或饮食方法换成另一种新药或饮食方法，这样的方式是徒劳无功的。我们必须考虑到生活的各个方面以及与环境的相互作用，使用系统生物学的方法，使免疫系统恢复正常功能。免疫系统应该是保护我们免受病原体入侵，并增强我们适应环境能力的，而非攻击我们自己身体的存在。

　　对饮食进行合理、可持续的改变，是重建健康互动的关键的第一步——促进食物、肠道菌群和免疫系统之间的相互作用。越来越多的科学证据表明，以植物为主的不同类型的饮食不仅与肠道、大脑和身体的健康有关，而且这种饮食实际上也在健康中发挥着重要作用。虽然这在

---

① 慢性应激（chronic stress），心理学术语。应激是危险的或出乎意料的外界情况的变化所引起的一种情绪状态。慢性应激指长时期的这种状态，并且导致应激的事件也持续时间较长。——译者注

② 压力（stress），心理学名词。包括心理压力源和心理压力反应两个方面，是两者共同构成的一种认知和行为体验过程。通俗地说，就是指心理压力或精神压力。——译者注

抑郁症、认知能力下降、神经退行性疾病和自闭症谱系障碍的研究中得到了很大程度的证明，但是这种以植物为主的饮食也可以应用于其他疾病，比如冠心病、脂肪肝、炎症性肠病。

在本书中，我提出用一种完全不同的方法来确定对健康最佳的饮食方案，包括我们应该吃什么，以及什么时候吃。首先，与其纠结于宏量营养素的摄入量，不如更多聚焦于有利于肠道菌群的、充满多样性的健康食物。西方缺乏这种饮食观念，而且这种饮食观念在大多数时尚饮食和减肥饮食中也是一直被忽视的。饮食观念的改变，意味着我们必须摒弃过度加工食品，这类食品只提供单纯的热量和化学物质，却不含膳食纤维。相反，我们必须增加摄入以供给微生物为靶向的食物，这类食物在小肠中吸收不良，提供的热量较少，需要肠道菌群的代谢，将其分解成更小的、可吸收的、促进健康的小分子物质。这些食物不仅能够增加肠道菌群的多样性和丰富性，还提供了各种各样的膳食纤维分子以及多种被称为多酚的物质，其中许多在肠道中被转化为促进健康、抗炎症的信号分子，经血液吸收后分布至全身。

除了饮食观念这种根本性的变化，最近的科学证据还表明，限制摄入食物的时间（被称为"限时进食"）对微生物组、肠道、免疫系统相互作用的节奏更为有益，从而可以改善新陈代谢。遏制公共健康危机的浪潮，最重要的第一步就是遏制慢性病和传染性疾病，这不是通过增加药物，而是通过更好地控制基于肠道的免疫系统和微生物系统，利用好食物中所含有的自然治愈力。这是通过重新考虑我们所摄入的食物与体内微生物组的关系，以及与它们赖以生长的土壤微生物组的关系来实现的。我们必须了解微生物之间的完整联系，这种联系不仅存在于人类与食物之间，也存在于农场动物与其环境之间、植物与土壤微生物之间。在过去的75年里，我们极大地改变了这个星球的网络系统，现在正在为这种改变付出巨大的代价，特别是我们目前的疾病治疗系统。科学越来越证明了我们的健康、我们的饮食、我们如何生产食品以及这些行为对地球和彼此的影响之间的紧密联系。

正如杰出科学家与权威组织所指出的那样，在完全了解肠道微生物领域和每种疾病的分子基础之前，我们是有可能做到减缓甚至扭转世界疾病蔓延趋势的。我们必须预防食品体系在全球对健康所造成的有害影响，采用一种新的改善肠道及其微生物菌群的方法，进而使得免疫系统恢复正常的健康保护功能。毫无疑问，我们将会战胜当前世界范围内的病毒流行病，但是永远不会有一种疫苗可以预防和治疗全球范围内慢性非传染性疾病的流行。我们正处于紧急关头，可以认为这是全球性警报，也是一个可以扭转局面的明确计划。

目录

推荐序   I

序言   V

第 1 章   与饮食和肠道菌群有关的慢性非传染性疾病   001

第 2 章   医学整体观及现代疾病之间的相互联系   017

第 3 章   西方饮食习惯造成了肠道菌群的长期压力   029

第 4 章   长期压力导致肠道微生物组改变以及脑部疾病的增加   055

第 5 章   饮食对脑-肠-微生物网络的调节   085

第 6 章   运动和睡眠对肠道微生物组的影响   105

第 7 章   我们到底该吃些什么？什么时候吃？   127

第 8 章   肠道健康的关键在于土壤   159

第 9 章   "大健康"理念让微生物系统相互联系和交流   175

第 10 章   更健康的食谱大全   193

致谢   245

食谱资源   247

注释   249

第 1 章

与饮食和肠道菌群有关的慢性非传染性疾病

20 世纪 70 年代，我还在医学院读书的时候，人们对于医学领域所取得的进步非常乐观。许多我当时正在学习的疾病都已经被开发出有效的治疗手段，同时一些有前景的新干预措施即将问世，比如冠状动脉搭桥手术。即使当时仍存在许多顽固难治、病因成谜的疾病（比如消化性溃疡、胃食管反流、炎症性肠病和各种癌症），人们依然抱有很大的希望，认为治愈这些疾病也只是时间问题。不幸的是，50 年后，这些期望已经变成了一个矛盾的死结。如果我们想要重整旗鼓，开拓出一条长期的、可持续发展的长寿之路，就必须解开这个死结。

事实上，如今我们的寿命已经比人类历史上的任何时期都要长了。在过去的一个世纪，美国和大多数发达国家，人们的平均预期寿命延长了近 30 岁[1]。但是，这个非凡的进步令人类付出了巨大代价，比如病情比以往任何时候都严重。在过去的 75 年里，一系列看似毫不相干的慢性疾病的发病率都在上升，包括心血管疾病、糖尿病、代谢综合征、自身免疫性疾病、癌症、慢性肝病，以及抑郁症、自闭症谱系障碍、阿尔茨海默病和帕金森病等脑部疾病。其中一些疾病发病率攀升的速度令人震惊。在人类寿命显著延长的同时，许多人正在遭受痛苦。这已经造成了一场规模空前的公共健康危机，更为可悲的是，这场危机对少数族裔和低收入人群的影响更大。

然而，美国医疗保健体系在这些疾病上投入大量资金，试图遏制这些疾病造成的影响，使这场公共健康危机的真相被掩盖了。美国医疗保健服务占 GDP（国内生产总值）的比例，从 1960 年的 5% 跃升至 2019 年的 17.8%，达到 3.8 万亿美元。预计这个数字在未来几年还会上升得更高[2]。

当然，医疗费用飞涨的原因是由多种因素共同构成的，这其中也包括医疗产业和制药集团的指数级增长。现在美国人在处方药上的花费是 60 年前的 10 倍[3]。诊断检测、临床治疗和外科手术的费用也在上升。不管怎样，在很大程度上，慢性疾病患病率的日益提高以及医疗机构为避免死亡而做出的巨大努力，正推动着医疗支出的无节制增长，在专业术语中，叫作"维持低死亡率"（maintaining low mortality rates）。

我的朋友兼同事韦恩·乔纳斯博士，加州大学欧文分校萨缪里综合健康项目的执行董事，曾经简要总结过这种情况："我们现在在一种经济模式，通过不让你死亡，靠维持你的生命来赚钱。"过去半个世纪里预期寿命的显著增长掩盖了这样一个事实：即便是对地球上最富有的国家来说，这场胜利的代价也是不可持续的。虽然我们可能不会像过去那样频繁地死于慢性疾病，但是很大一部分人在步入老年的时候，没有表现出任何健康和有活力的迹象，甚至在步入老年的过程中身体就已经"破产"了。

这些数据可能会引起读者疑问，我们是怎么走到这一步的呢？正如我将在接下来的章节中说明的那样，在过去 75 年左右的时间里，生活方式的巨大变化是造成我们今天大部分疾病和痛苦的原因。虽然导致我们健康状况恶化的因素有很多，比如随着压力增加而减少的体育锻炼和睡眠，以及暴露在大量化学物质和有毒环境中，但最具影响力的是那些影响了我们的食物供应和饮食方式的变化。

现代工业化农业的兴起，彻底改变了我们生产食物的方式以及我们吃什么和怎么吃[4]。随着小型家庭农场逐渐被工业化农业经营所取代，我们的粮食生产越来越受到其影响。工业化农业是以工厂的形式来经营农场的，"投入"农药、饲料、化肥和燃料，"产出"玉米、大豆和肉类。这些公司的主要目标是通过降低生产成本和提高产量来提高利润率。虽然在这种制度之下，食品变得更便宜、更丰富，但是其质量却严重下降，公众健康和环境也受到了间接伤害。

这种相对较新的饮食改变已经在以各种方式影响着我们的健康，并且以某种不可挽回的方式改变了生活在肠道中的数万亿微生物（通常被称为肠道菌群），从而引发各种器官和身体系统，尤其是免疫系统的慢性失调，因为人体免疫细胞总数的 70% 都存在于肠道中。糖尿病、阿尔茨海默病和癌症看起来各不相同，似乎毫无关联，但有一个共同因素在它们的发病率同时激增时起着重要作用。正如我将在下一章中深入探讨的那样，肠道菌群已经迅速适应了我们不断变化的饮食，而肠道在处理这些饮食改变导致的微生物变化方面的能力要慢得多，两者之间的不匹配性越来越凸显。我坚信，就是这种日益严重的不匹配扰乱了免疫系统的正常功能，并且改变了更广泛的脑-体网络，进而导致了各种慢性疾病的发病率急剧上升。

虽然传染病和非传染性疾病的总死亡率在 20 世纪上半叶迅速下降，但是自那时起非传染性疾病的患病率发生了变化，并且在过去的 70 年里急剧上升。

与此同时，大多数传染病，比如肺结核、甲型肝炎、麻疹和腮腺炎，在同一时期内发病率继续急剧下降。"流行病学转化理论"将这种改变归因于瘟疫和饥荒的减少，使得人们的寿命更长，从而导致退行性疾病有了发展的时间。在这种稳步下降的过程中，艾滋病、结核病、埃博拉、流感、严重急性呼吸综合征（SARS）、中东呼吸综合征以及新冠等传染性疾病出现一些周期性高峰。然而，这并没有改变总体趋势：传染病目前仅占全球所有疾病负担的 4.2%，而慢性病占 81%。此外，目前非传染性疾病造成的死亡人数占全球死亡总数的 70% 以上[5]。更糟糕的是，慢性病和流行性传染病往往相互加剧，而我们现在已经意识到非传染性疾病使得我们更容易受到某些传染性疾病的伤害。例如，新冠病毒对患有各种慢性疾病的患者造成的影响更大，这些慢性疾病包括肥胖症、糖尿病和代谢紊乱。不健康的饮食和低社会经济地位等相互关联的问题正在成为造成这一趋势的主要原因。2020 年的全球新冠大流行不仅本身是一场悲剧，而且也凸显了慢性病和公共卫生不平等造成的真实代价。

1945　　　　　　　　　　　　2020

1945 年至 2020 年慢性非传染性疾病（NCCD）的患病率

　　谢天谢地，现在有一种方法可以扭转这种趋势了。

　　但是，首先最重要的是必须更好地了解影响我们健康的主要"部位"，而这些"部位"正在受到肠道微生物组发生变化带来的严重影响。在众多与饮食和肠道菌群有关的慢性非传染性疾病中，我将重点介绍在当前医疗危机中发挥主要作用的三种类型：过敏和自身免疫性疾病、肥胖和代谢综合征（包括其对糖尿病、癌症、心血管和肝脏疾病的影响）、脑部疾病。

过敏和自身免疫性疾病

有一篇关于过敏相关疾病的文章经常被引用，它标志着我们对慢性非传染性疾病的看法发生了转变。这篇文章由医学博士让 - 弗朗索瓦·巴克撰写，并于 2002 年发表在《新英格兰医学杂志》上。文章指出，在过去的 70 年里，包括过敏和自身免疫性疾病在内的许多慢性疾病的发病率一直在上升[6]。自这篇文章发表以来，越来越多的研究为这项观察性研究提供了支持证据。例如，发表在《斯堪的纳维亚胃肠病学杂志》上的一项研究报告称，从 20 世纪 50 年代到 90 年代，克罗恩病（一种自身免疫性疾病）在北欧的发病率增加了两倍多[7]。瑞典哥德堡大学的研究人员进行的另一项研究表明，在 1979 年至 1991 年的 12 年间，瑞典学龄儿童中哮喘、花粉过敏性鼻炎和湿疹的患病率翻了一番[8]。德国哥廷根大学的研究人员进一步证实，从 1969 年到 1986 年，多发性硬化症（也是一种自身免疫性疾病）的发病率在不到 20 年的时间里翻了一番[9]。

一些相关的假说，包括"卫生假说""老朋友假说""肠道菌群失调假说"，被提出来解释自身免疫性疾病和过敏相关疾病的增加[10]。这些学说都认为环境因素在这种转变中发挥了重要作用，如过度使用抗生素，农业中过多使用杀虫剂和化肥，以及越来越多的儿童在远离自然、土壤和动物的城市环境中成长。例如，"卫生假说"认为，在我们日益无菌的环境中，婴幼儿难以接触到来自自然环境的细菌和微生物，免疫系统得不到适当的训练，使得其不足以保护我们的身体免受威胁。因此，我们的免疫系统失去了区分良性物质（花粉、坚果）和有害物质（致病细菌、病毒）的能力。由于缺乏辨别能力，免疫系统要么非理性地攻击人体自身细胞，引发自身免疫性疾病，要么错误地发出警报，导致过敏反应。

德国与瑞典的研究似乎确实证实了其中一些假说，至少在一定程上是这样。然而，大多数研究的主要焦点，一直是识别导致功能障碍的特定基因，这种功能障碍能够引起过敏和自身免疫性疾病。但事实证明，没有任何的单一基因被确定为导致某个慢性病的病因。相反，越来越多所谓的"易感基因"和修改基因的网络已经被确认存在，这表明人类天生或多或少容易受到逐渐变化的环境因素的影响。我们的基因在过去的70年里基本没有改变（基因的进化要慢得多），所以几乎可以肯定的是，我们的环境和生活方式的变化是慢性疾病突然增多的罪魁祸首。

尽管此类疾病发病率的升高在半个多世纪之前就首次显现出来了，但是我们至今仍在与之进行激烈的斗争。我们已经开发出更有效（也更昂贵）的治疗方法，但是并没有发现直接的治愈方法。人们只需要观看那些越来越多的电视广告，就能发现问题的严重性。这些广告宣传了一大批为了抑制过度活跃的免疫系统的强效新药，同时也低调地提了一下它们的一系列严重的副作用。广告中有很多都是关于"生物药物"或"生物制剂"的，之所以这样命名，是因为它们是由生物体生产出来的，或者含有生物体的成分，比如阿达木单抗（Humira）、英夫利昔单抗（Remicade）和利妥昔单抗（Rituxan），用于治疗炎症性肠病、类风湿关节炎和银屑病等自身免疫性疾病。这些药物阻断了被称为细胞因子的信号分子，这些细胞因子会在体内引发慢性炎症和疼痛。尽管这些药物为成千上万的患者提供了暂时但效果显著的缓解，却并未减缓这类疾病发病率的上升趋势。

与此同时，这些治疗方法为制药业创造了数十亿美元的收入。在很大程度上，这是因为生物制剂的平均成本是传统药物的22倍[11]。英夫利昔单抗一年的治疗成本约为50 000美元，是用于溃疡性结肠炎和克罗恩病等疾病的处方药[12]。但是，这种药物对患者的治疗却是治标不治本，只能减轻那些令患者烦恼的症状，而不能识别或治疗导致这些症状的异常免疫系统。

这种治疗手段的缺陷已经反映在如今自身免疫性疾病发病率的急剧上升中。据美国自身免疫相关疾病协会（AARDA）估计，目前有 5 000 万美国人患有自身免疫性疾病，其中包括多发性硬化症、类风湿关节炎、炎症性肠病和 I 型糖尿病等 100 多种疾病，这类疾病的发病率甚至超过了癌症[13]。

然而，与癌症不同的是，人们对导致自身免疫性疾病持续增多的病因并没有取得一致的认识。事实上，人们不仅对自身免疫性疾病的起源感到困惑，而且还对这类疾病的本质到底是什么感到困惑。尽管自身免疫性疾病严重干扰了许多人的生活质量，而且有关患者的电视广告随处可见，但是 85% 的美国人却说不出一种自身免疫性疾病的名称。我想说的是，许多人并不完全了解这类疾病是如何在身体内表现出来的，也不知道如何能够降低罹患这类疾病的风险[14]。

肥胖和代谢综合征

肥胖也在目前的疾病流行中起到了关键作用，并导致全球疾病发病率令人担忧地增长。在 20 世纪 60 年代，当超重和肥胖人群的数量开始缓慢攀升时，美国医疗保健系统几乎没有注意到这一增长。15 年后，当这个问题最终得到关注的时候，它却可悲地被看作仅限于少数人群和贫困人群的问题。这暴露出医疗保健系统中存在的种族偏见和经济偏见，不幸的是，这种偏见一直持续到今天。

随后，体重问题激增。1980 年至 2013 年，全球超重和肥胖人数从 8.57 亿人增加到 21 亿人[15]。不可否认的是，肥胖正在影响所有人群，并对公共健康构成了前所未有的挑战。如今，根据美国国家健康和营养检查调查（National Health and Nutrition Examination Survey）所收集的研究，1/3 的成年人和 1/6 的儿童被认为肥胖[16]。无论是在治疗病人的临床工作中，还是在全年穿梭于美国各地参加医学和科学会议时，我亲眼看见了肥胖症的"泛滥"情况。作为一名医生，当我在机场和酒店排队等着吃自助早餐时，看到许多人的体重超过了正常的体重，我感到非常担忧。

尽管投入了大量资源研究肥胖问题，但在过去的半个世纪里，对于为何越来越多的人受到肥胖问题的困扰，我们几乎没有取得任何进展。更为糟糕的是，目前唯一显示出长期有效的干预措施，却对消化系统功能造成了巨大的、不可逆转的影响。例如，解决方案之一是减肥手术，通过缩小上胃部来限制食量。有一种减肥手术，患者的胃被改成鸡蛋大小，直接与小肠相连；而另一种被称为袖状胃切除术的手术中，患者80%的胃被切除，只剩下形状如香蕉大小的部分。还有一种减肥手术是在患者胃里放置一个充满盐水的硅胶球。甚至还有一种极端的手术，会为患者插入一个胃瘘装置（专业术语叫"胃泵机[①]"），患者在进食后通过人工造瘘将胃里的东西排入一次性袋子中。

这些手术不仅说明了我们现在为对抗肥胖而采取的极端医疗措施，而且还教会我们，通过缩小胃来让人无法吃掉太多的食物，这种看似简单的方法，其效果远比想象的要复杂得多。这种激烈的干预对身体造成了全方位的影响，它不仅改变了胃的大小和形状，还对食欲调节激素释放到血液并到达大脑的过程造成了影响。这样的手术改变了肠道菌群的构成，从而改变了肠道向大脑和身体其他部分发出的信号。甚至连对食物的喜好也会突然改变。换句话说，这是一种涉及多种身体系统（激素、代谢、内分泌）的整体性转变，甚至在减肥之前就已经开始了。

此外，许多肥胖和超重的美国人患有代谢综合征。这项诊断由一系

---

① 胃泵机（aspire assist）是一种小型手持设备，有一根管子植入腹部，可以在饭后20分钟直接吸出胃中部分食物，只留下1/3能量供身体吸收。不需要时，医生可以在15分钟内去除装置。该装置虽然已经于2011年在欧洲上市，但是仍然备受争议。——译者注

列条件组成，包括身体质量指数（BMI）增高，高血糖、高甘油三酯、高血压、高密度脂蛋白（这是一种"好"脂蛋白）降低和血脂异常（一种无症状的状态，患者血液中的脂肪含量太高，可反映出身体处理糖和脂肪的能力受损）。最重要的是，代谢综合征不仅是肥胖影响内分泌和免疫系统的并发症，也是肝脏、心脏甚至大脑慢性疾病的主要风险因素。

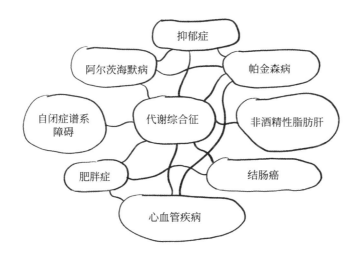

代谢综合征相关疾病

2018 年，在新冠出现之前，随着传染病的减少，一项研究已经宣称代谢综合征是"现代世界新的主要健康危害"[17]。

一些专家认为，这个趋势才刚刚开始。正如哈佛大学流行病学和营养学教授沃尔特·威利特博士向我解释的那样："肥胖和胰岛素抵抗这一流行病至少需要 30 年、40 年、50 年的时间，才能看出其所有后果。这有点儿像气候变化。你不会马上看到所有的影响和结果，但是我们可以看到这个发展趋势正在对人类的健康造成破坏。"可悲的是，就像肥胖一样，代谢综合征不再局限于发达国家。以中国为例，从 1992 年到 2002 年，超重和肥胖人群的人口比例从 20% 上升到 29%。2017 年，代谢综合征的患病率跃升至 15.5%[18]。

由于代谢综合征发病率飙升，心血管疾病（包括高血压、冠心病、心脏病发作、中风、充血性心力衰竭、心房颤动）患病人数也在不断增加，因为代谢综合征是这些疾病的主要风险因素。2011 年，美国心脏协会（AHA）预测，到 2030 年，高达 40% 的美国人将患有某种形式的心血管疾病[19]——可是 2015 年就已经达到这个预测值，仅仅用了 4 年的时间，而不是 19 年。2015 年，9 600 万美国人患有高血压，近 1 700 万人患有冠心病。更令人沮丧的是，这种不祥的趋势预计将在未来 15 年内增加到 45%，而我们很可能再次提前实现这项预测。

与这些数据相似的情况是，治疗代谢综合征患者的处方药费、手术费、住院费高得不合理。2016 年，美国的这些费用总额达到了 5 550 亿美元，预计到 2035 年将超过 1 万亿美元[20]。

似乎没有任何器官能够逃脱代谢系统失调的影响。据估计，75%的超重患者和 90% 至 95% 的病态肥胖患者患有非酒精性脂肪性肝病（NAFLD），这是一种可能导致肝硬化、肝癌和肝功能衰竭的严重疾病。它是美国人患肝脏疾病的主要原因，也是肝脏移植手术的主要适应证之一[21]。肥胖和代谢综合征也是多种癌症的重要风险因素，包括结肠癌和直肠癌，这是美国第四大常见癌症。根据美国国家癌症研究所（National Cancer Institute）的数据，肥胖的人，特别是男性，患结直肠癌的可能性大约是正常体重者的 30 倍[22]。

脑部疾病

在过去的半个世纪里，包括阿尔茨海默病、帕金森病、自闭症谱系障碍（ASD）、抑郁症和焦虑症在内的多种精神类疾病、认知类疾病和神经退行性疾病也明显影响了更多的美国人。尽管这种增长不像肥胖和代谢综合征那样引人注目，但是其增长的趋势仍然相当惊人。在过去的20 年里，神经退行性疾病的发病率有所上升。2017 年，全世界估计有5 000 万人患有阿尔茨海默病[23]，在可预见的未来，这个数字预计将每20 年翻一番。

虽然我们预期寿命的延长在这种趋势中发挥了一定作用，但是有证据表明，包括代谢综合征在内的各种其他因素也推动了认知功能障碍的研究进展。可悲的是，我们几乎已经接受了随着年龄的增长而出现的认知功能下降，就像我们已经接受了制药行业暗示的信息，即最近许多慢性疾病的增加只是衰老的副产品。事实上，正如许多身体功能完备的老人所证明的那样，在不需要任何医疗干预的情况下，人类的大脑和身体有潜力正常运行到 90 多岁。

其他慢性疾病的发病率也在迅速增长。2016 年，全球有 610 万人患有帕金森病[24]，而如今，已经有 1 000 多万人患上帕金森病[25]。正如我将在第 4 章中进一步探讨的那样，像自闭症谱系障碍这类发育性障碍的发病率几乎增加了两倍，从 2004 年的 166 名儿童中有 1 人患病增加到 2018年的 59 名儿童中有 1 人患病[26]。抑郁症的诊断也在不断增加，尽管其表现形式稍微复杂了一些，因此很难评估抑郁症患病率的变化，特别是考虑到它不是一种同质化的疾病。例如，它可能与其他疾病一起发生，如帕金森病和阿尔茨海默病。尽管如此，2017 年仍有约 1.6 亿人患有重度抑郁症，年轻人是患病风险最高的群体[27]。一份来自蓝十字蓝盾（Blue Cross Blue Shield）的报告显示，在 2016 年，事实上在 12 岁至 17 岁的青少年中，有 2.6% 被诊断患有重度抑郁症，比 2013 年增加 63%；在 18 岁到 34 岁的年轻人中，患病人数增加 47%。更令人不安的是，最近的一项研究预测，到 2030 年，被诊断患有抑郁症的年轻人数量甚至将超过患有心血管疾病成年人的数量。此外，自杀率被认为是抑郁症患病率数量程度的替代指标，而自杀已经成为美国年轻人死亡的主要原因，而且是十大死亡原因中唯一人数持续上升的死因。尽管我们尚未找到抑郁症的解决方案，甚至没有始终有效的治疗方法，但是制药公司却享受着巨大的利润——全球精神健康类药物每年预计为制药公司带来约 800 亿美元的收入。

共同之处

在过去的 75 年里，许多慢性疾病被独立地进行研究和治疗，每一种疾病都被视为一种独立的流行性疾病，由专门的医生和研究人员来处理。然而，这段时间里，我们的现代医疗保健系统还是没有能够创造出一种有效的治疗方法，来阻止这些疾病的患病率持续上升。

然而，如果理解到这些非传染性疾病同时感染了大量人口，就会发现其中惊人的相似之处。例如，许多这类疾病在发达国家和发展中国家的增长都显示出相似的滞后现象，与其工业化加速的时间线相一致。这类疾病的增长在西方世界持续了大约 10 至 30 年，那些发展中国家在采纳了西方的饮食方式和生活习惯等方面之后，这类疾病也出现了同样的增长。以炎症性肠病、溃疡性结肠炎和克罗恩病为例，21 世纪之初，这些疾病已经成为全球性疾病，在亚洲、非洲和南美洲的新兴工业化国家里，其发病率正在加速上升[28]。

此外，随着过敏相关疾病、自身免疫性疾病、肥胖、代谢综合征、结肠癌和抑郁症开始影响越来越年轻的人群，我们已经可以观察到发病年龄的下降。这表明，我们最近的饮食变化也在影响着后代。例如，虽然老年男性和女性的结肠癌发病率有所下降，但年轻男性和女性的结肠癌发病率却正在攀升。从 2006 年到 2015 年，50 岁以下男性结肠癌的年平均增长率为 3.5%[29]。而医疗保健系统面对这个令人担忧的趋势时，其应对方式是既目光短浅又简单敷衍。美国癌症协会的结直肠癌筛查指南现在建议，没有结肠癌家族病史或其他已知风险因素的中等风险人群，开始定期筛查的年龄从之前的 60 岁调整为 45 岁[30]。然而，当我最近参加一个关于结肠癌筛查指南的讲座时，我问演讲者，饮食习惯和儿童肥胖是否有可能在这种转变中发挥作用。如果是的话，是否可以将饮食建议作为一种预防措施？演讲者同意这是一个合理的解释，但在筛查的同时提供饮食建议目前并不是常规做法。此外，她继续说道，由于许多消化内科医师每天都需要进行大量的结肠镜检查，因此不会有足够的时间来探索患者的饮食习惯或提供健康饮食的指导。生活方式的简单改变虽然不符合传统的疾病模型，但是有可能造成大规模的严重后果。每当看到这些改变是如此容易被忽视的时候，我总是感到惊讶。

此外，尽管这类疾病的表现千差万别，但是几乎所有此类疾病都可以追溯到免疫系统的紊乱。这种情况通常有两种表现形式。对过敏和自身免疫性疾病，免疫系统受良性环境刺激或对人体自身细胞反应过度；在代谢及相关疾病中，基于肠道的免疫系统长期无端地过度反应，可能会影响身体的所有器官，包括心脏、肝脏、大肠、脂肪组织，甚至大脑。后一种免疫系统反应过度的趋势也被称为细胞因子风暴，这有可能与患有慢性非传染性疾病的新冠患者更容易出现严重症状和并发症有关[31]。

尽管有充足的证据表明，免疫系统变得容易诱发过敏和自身免疫性疾病是在 3 岁之前就已经决定的，但越来越多的证据表明，西方饮食习惯也在这类疾病及其他疾病的发展中起到关键作用，而这类疾病构成了我们目前的公共健康危机。这样的饮食可能会导致"代谢性内毒素血症"，这是一种低度的全身免疫激活，会携带炎症介质遍及全身各处，包括大脑[32]。这些炎症介质包括细胞因子之类的信使，这是免疫系统的各种细胞分泌的一系列信号分子。免疫细胞大约有 70% 位于肠道壁上，具体数量取决于个体遗传的多样性，因此它可以很轻易地将炎症信息传播到全身，而细胞因子则会影响途经的任何一个器官。

长期以来，我们的消化道一直被认为是主要负责吸收营养、储存食物和排出食物残渣的器官，而在这场正在上演的"健康大戏"中，推测消化道是其中的主角看起来似乎有违直觉。但是，过去20年来，受到系统生物学这一不断扩展的学科的强烈影响，迅速增多的大量研究以异乎寻常的方式引导我们得出了这个结论。正如我将在接下来的章节中探讨的那样，近期关于肠道菌群与大脑和身体所有系统（包括免疫系统）关系的最新发现，是理解我们如何阻止甚至扭转公共健康危机的关键步骤之一。

第 2 章

医学整体观及现代疾病之间的相互联系

最近，科学界对于身体和健康，回归了一种新的认识，并得出截然不同的结论。这一观点解释了身体系统的复杂性、交流性和相互关联性，也阐明了在过去 75 年里以惊人速度出现的那么多看似不相干的疾病是如何相互联系的。

我将这种新的整体观看作是对以往思维方式的回归。身体各系统之间相互联系的概念可以在 5 000 年前印度阿育吠陀医学文献中找到。这个概念也被中国传统中医和欧洲的希波克拉底医学（基于希腊自然哲学）所接受。在古代，人们认识到，我们的健康是由思想、器官、精神、环境甚至宇宙之间的复杂关系所决定的[1]。更简明地说，正如希腊哲学家亚里士多德在 2 000 多年前所写的那样："整体大于部分之和。"

然而，这种信念在 17 世纪开始改变，当时法国哲学家勒内·笛卡尔在他的哲学和自传体论文《谈谈能够正确引导自身理性以及在各门学科中探求真理的方法》①中引入了还原论的原则。这就是他的"我思故我在"这句名言的由来。笛卡尔在还原论中提出，对于复杂的局面我们应该通过解剖的方法来分析，先把它们分成可控制的几个部分，然后再根据各

---

① 笛卡尔的名著，一般被简称为《方法论》。——译者注

个部分的表现对整体进行重新评估[2]。

后来，当笛卡尔提出身心二元论（将身体和大脑视为完全独立的实体）时，他把还原论应用于人的身体上了[3]。为了调和身心冲突，他建议医生和科学家只关注身体，而大脑和心灵则应该归属教会管辖。笛卡尔的观点不仅改变了哲学，也改变了生物学。医学界采用了还原论和二元论，医生开始以人体是由离散的各个部分组成的，每个部分都单独发挥着作用为前提对人的身体进行诊断和治疗。医生开始相信，每一种生物都是如同钟表齿轮一样的机械装置组成，其运转是有规律、可预测的。尽管走了几百年漫长的弯路，科学（不仅仅是医学）正在慢慢回归于古代智慧的传统观念，那就是人体不仅仅由各个相互关联的系统构成，还包含着这些系统之间复杂的相互作用。

当然，现在我们对支撑这些关联的生理机制有了更深入的理解。将网络科学引入生物学，是将我们的视角从孤立转向统一最重要的原因之一，同时也通过科学的佐证向统一推进[4]。网络科学利用图论①、统计力学和数据挖掘②等方法，研究复杂网络中单个要素之间的相互作用，用以创建预测模型。网络科学自 20 世纪 30 年代开发以来，从社会科学到生态学再到全球经济，在各个科学领域迅速发展并扩展。因此，我们现在将许多看似无关的因素，视为紧密相连的部分组成的系统集合，这些部分具有可预测的方式，但往往不可预测整体的结果。

"思考一下，个人、股市、基因、神经元和细胞中的分子，这些要素的互动才是最重要的。"我的朋友兼同事、印第安纳大学心理学和脑科学教务长、印第安纳大学网络科学研究所的联合所长奥拉夫·斯波恩斯说："我们需要一门科学来处理这类复杂的系统，并将其转化为数学形式，与

---

① 图论（graph theory）是数学的分支，由数学家欧拉所创立。——译者注
② 数据挖掘（data mining）属于计算机科学，指的是利用大量的数据，通过算法搜索隐藏于数据中信息的方法。——译者注

计算方法相结合。这就是网络科学。"

虽然网络科学几十年来一直应用于自然、社会和技术系统，但近年来它也开始被应用于复杂的生物学系统，使我们能够将人体视为通过数学排序设计的、相互联系的，并且错综复杂的地图。

与此同时，一种被称为系统生物学的方法也受到关注，这种方法最初是在 20 世纪 50 年代发展起来的，大约在 20 年前完全适用于现代生物学。最初，这种方法与绘制人类基因组图谱有关，许多人相信，这一努力将很快给医学带来革命性的变化。当时，比尔·克林顿将人类遗传密码称为"上帝创造生命的语言"。遗憾的是，在耗资数十亿美元之后，人类基因组计划还没有为最常见的疾病提供实用的诊断和治疗方法。不过，系统生物学在医学领域获得了发展，尤其是在微生物组学中，它提供了一种更复杂的理论和计算方法，能够利用超级计算机的指数级增长来处理巨大的生物数据集。因此，科学家试图通过将不同类型的细胞、分子和微生物视为一个完整的系统来理解身体和大脑之间的相互作用。

系统生物学推动了科学研究的范式转变，从专业化转向相互联系。系统生物学中的每个领域都加有组（-ome）和组学（-omics）这两个词根后缀，基因组学是第一个带着这种后缀的新领域。从那时起，被我称之为"组学革命"的各种新领域层出不穷。表观基因组学研究环境对我们所有基因的影响，以改变遗传基因的表达（表观遗传学则研究环境对特定基因的影响）[5]；转录组学研究的是对分子合成很重要的有关基因表达的一组 RNA 分子；代谢组学研究基因表达产生的大量信号分子[6]；蛋白质组学分析由特定细胞或有机体表达的整套蛋白质[7]；微生物组学研究生活在肠道中的一整套微生物及其基因组成[8]。古代传统智慧基于几百年敏锐观察所理解的内容，被后来的系统生物学通过数据计算重新发现了。这些领域中的每一个都与其他领域存在互动并且相互调整，在人体内创建了一个庞大的、相互依存的、多重尺度的网络系统。

最近，系统生物学已经应用于我们身体中两个最复杂的系统，即大脑连接组①和肠道连接组。奥拉夫·斯波恩斯在大脑连接组学这个领域做出了巨大贡献，他绘制了大脑内的整套连接网络[9]，这是一个由数十亿神经元和数万亿突触相互连接组成的错综复杂网络，这些突触如果按照纤维结点首尾相连，长度可以达到地月距离②的一半。通过对这些系统进行数学分析，斯波恩斯能够绘制出大脑内部的连接图，从而对大脑结构和功能产生完全不同的理解，对脑部疾病的特征进行描述。在脑-肠轴的肠道端，杜克大学肠道神经生物学家、医学教授罗杰·利德尔于2015年提出了"肠道连接组"的概念[10]。

利德尔提出的网络系统主要是由肠道神经系统的神经细胞所组成，它可以独立于中枢神经系统之外，直接控制一系列胃肠道进程，因此通常被称为肠道中的"第二大脑"。这其中还包括其他类型的神经细胞、支持细胞（统称为神经胶质细胞）和含有激素的细胞。我建议扩大这个网络系统，目的在于涵盖肠道免疫系统与肠道中各种其他细胞之间复杂的相互作用，以及这种互动交流在健康中发挥的关键作用。因此，肠道连接组（或者简称为肠道，我会在本文中交替提及）不仅包括肠道的神经系统，还包括它的内分泌和免疫系统，这些系统共同调节新陈代谢和食物摄入，保护身体免受病原体的侵袭。请注意，当我提到"肠道连接组"或"肠道"时，我指的是具体的器官；而当我提到"肠道微生物组"时，我指的是生活在肠道中数万亿的微生物。

从系统生物学的角度来看，肠道及肠道菌群是理解当前公共健康危机中那些疾病的关键，因为科学证据表明，肠道是连接人体各种器官系

---

① 连接组（connectome），公布于2018年《生物物理学名词》第二版，是指神经系统中神经元连接的总和。连接组图谱可以认为是整个神经系统的"接线图"。——译者注

② 地球至月球的平均距离约38万公里，这些突触首尾相连的长度大约就是19万公里。——译者注

统网络交流的中心环节。为了解释肠道是如何作为这一关键环节而发挥作用的，让我退一步更详细地描述一下网络科学。在这门学科的术语中，复杂网络是根据节点（网络中的单个元素）和边（节点之间的连接或路径）来描述的。

我们可以用一个更简单的比喻来理解：有一句俗语是"条条大路通罗马"。在古罗马帝国，所有的道路（边）最终都通向罗马，罗马是这个特定网络中最重要的节点。与现代大城市一样，罗马的独特之处不仅在于它的物理联系，还在于其对整个国家的影响，或者用网络科学家的话说，就是它的中心性。对中心性的判定标准表明了节点对大型网络中通信和信息流影响的重要性。另外两个术语描述了每个节点最基本的属性：节点度，指的是与该节点连接的边数；节点强度，指的是节点在网络中的总参与度。罗马在古代帝国中扮演着如此关键的角色，它与其他节点（城市）之间有如此之多的连接，这也意味着罗马是这个网络中的枢纽[11]。

现在试想一下你的身体，作为一个网络，所有的器官都是网络中的节点。对于整体功能而言，有些器官比其他器官更重要，那这些器官就是枢纽。这些连接节点的路径或边是生物系统相互交流的不同方式。其中一些路径是硬连接的，如神经束和血管系统；而另一些则是高度动态的交流系统，包括循环免疫细胞，无数循环分子（激素、炎症分子、代谢物），甚至血液细胞。

网络科学最引人注目的一个观念就是系统的可扩展性，这意味着即使网络由基因、分子、细胞、器官甚至是人体等不同的独立实体组成，但网络的基本属性、行为和反应也是由相同的数学规则所决定的。从基因和分子网络到人的社会网络，所有这些都是以相互关联的方式进行运作的。从最基本的生物交换到最复杂的社会系统，再从最复杂的社会系统交换到最基本的生物交换，相互作用在不同层次上来回发生。例如，饮食引起肠道菌群网络的改变可以影响到大脑网络，导致在社交互动中的行为改变，然后再次影响大脑网络，最终导致肠道菌群中基因表达水平发生更多变化。

随之而来的是，我们身体的各个系统，从小到大，从肠道连接组到大脑连接组再到脑-体网络，不仅相互之间保持着持续的交流，而且还在不断地相互影响。与其他器官有着更多联系的器官则成了枢纽，每个枢纽都由一个"小世界网络"组成，直接连接这些器官和所有其他器官。器官网络的结构（节点的连通性和边的数量）受到不同规模的其他网络的影响，比如我们个体的基因网络。

尽管这种新的人体整体观的研究仍然在发展之中，但是在我看来，大脑和肠道毫无疑问是人体器官网络中最重要的枢纽，这是两个可以双向传输信息的器官，是用粗壮的神经电缆和血管中循环的无数细胞信号分子连接起来的。这两个主要枢纽发生的变化会造成全身的连锁反应。这里有一个在外部世界网络如何运作的例子：芝加哥的暴风雪扰乱了作为网络枢纽的奥黑尔机场。国际航班被取消，然后国内航班被取消，最终人们被困。枢纽中断造成的连锁反应最终会中断甚至关闭整个网络。

今天，我们已经看到"现代生活方式"这场"暴风雪"所造成的影响，它破坏了我们的脑-体网络的中心枢纽，同样中断或关闭了必不可少的互动。根据越来越多的科学证据，我认为脑-体网络的改变就是导致我们健康危机中那些疾病的病因。这些改变之所以会发生，是因为自工业化开始以来，我们的身体系统一直在面临挑战，并且在过去的 75 年里，这些挑战还在大幅度加剧。这些挑战包括污染的空气、土壤和水，接触有毒化学物品，城市化，滥用抗生素和其他药物，慢性应激，最重要的是越来越不健康的饮食。所有这些都会影响我们的肠道菌群，从而影响到我们的整体健康。

这些干扰深刻地改变了肠道菌群和肠道连接组之间那古老且有益的关系[12]。通常，这两者之间的相互作用允许有一定程度的不匹配和中断。也就是说，两者可以合作应对一系列挑战，如轻度感染、短期使用抗生素、饮食的逐步改变。对于周围不断变化的环境，肠道菌群比身体其他部分更能灵活地适应，但是现代生活方式带来的持续压力使得肠道菌群无法与肠道的生理变化保持同步。这种日益严重的不匹配已经对肠道及其菌群之间长期存在的共生关系造成了威胁[13]。

这些长期干扰也改变了"边"，也就是连接器官或节点的路径。它们改变了人体复杂的分子语言，以及肠道菌群的代谢产物。器官之间相互交流的改变，尤其是大脑、肝脏、心脏和肠道之间的串扰，严重损害了这些器官的功能。其结果是整个脑-体网络在结构和功能上的重塑[14]，在我看来，这解释了近几十年来各种疾病发病率的同时升高。如果我们要在最紧急的公共卫生问题上取得进展，就必须首先解决肠道、免疫系统、肠道菌群之间的关键相互作用出现日益严重的不匹配问题。

我之所以将肠道放在脑-体网络中比其他重要器官（如肾脏、心脏和肺部）更突出的位置，除了作为一名胃肠学家，我职业生涯的大部分时间都用于研究和治疗与肠道有关的疾病外，还有很多其他原因。大脑和肠道之间的双向交流，乍一看似乎是违反直觉的，但是实际上在进化史中已经奠定了深厚的基础，而且证据也越来越充分。这种双向交流可以追溯到大约 6 亿年前，当时地球的海洋中出现了最早的多细胞生物。这些被称为水螅的微小动物，似乎只不过是漂浮的消化管，周围包裹着神经网。它们早期的肠道神经系统，在专业上可以被认为是第一大脑，唯一功能是确保原始肠道的正常运作，食物从一端（口腔）通过管道输送，再提取营养物质并分配到身体的其他部位（主要是触须），然后在另一端排出残渣。令人惊讶的是，这条最早的肠道结构，由于神经细胞和平滑肌细胞之间的紧密联系，在数亿年的进化过程中一直得以保留，几乎地球上所有动物都共享这种结构，从蜜蜂到鱼到大象，再到人类。

大约在 5 亿年前，当一些来自海洋的微生物决定在这些原始肠道内定居并与第一个大脑的神经细胞形成了密切的交流互动之后，肠道内的交流变得更加复杂了。随着进化的发展，这种原始的肠道连接组的独特设计在很大程度上被保存了下来，而动物逐渐发展出第二个大脑——我们今天称之为大脑或中枢神经系统（CNS）。第一个大脑开发的信号分子随后被整合到这个新的大脑之中，在大脑、肠道及其微生物之间创造了一种共同的语言。这成了肠-脑网络中独特互动的基础，这种互动至今仍在发挥作用。其中一些相互作用在肠道连接组内形成了一个小世界网络，主要与肠道的最佳功能有关（包括肠蠕动、分泌、血液流动、感知食物）。但是现在，这个小世界网络也通过远程连接与大脑相连，通过这种连接，中枢神经系统密切监控肠道连接组的活动，并将其与身体的整体需求进行协调。这种双向交流告诉我们什么时候饥饿或饱足，并且在调节我们的情绪和幸福感方面起重要作用。

最早的肠道和神经系统是如此紧密地交织在水螅的体内，就好像是一个整体，在后来的动物进化过程中，两者一直保留着这种深刻的联系，即使随着进化它们在体内相距得越来越远。我们的其他器官直到后来才发育起来，因此无法建立同样亲密的联系，这进一步加强了肠道和大脑是器官网络中两个主要枢纽的观点。

此外，研究表明，除了大脑以外，肠道是人体中最复杂的器官[15]。它有自己的神经系统（有时被称为第二大脑[16]，尽管它实际上是我们的第一大脑），还有自己的免疫系统和产生激素的内分泌系统。事实上，这些肠道内分泌细胞可以算是体内最大的内分泌器官，它们制造了调节食物摄入量和健康状况的化学信号分子。这些细胞都是肠道连接组的一部分，可以将数百种不同的信号分子释放到血液和肠腔（基本上是肠道内部，肠道菌群生存和食物经过之处），以及肠壁内的神经末梢。这些神经末梢中的大多数是迷走神经 ① 的传感器，它在肠道和大脑之间传递信息。

也许最重要的是，我们 70% 以上的免疫细胞都位于肠壁。从那里，这些免疫细胞可以自行前往身体的其他部位，也可以通过被释放到血液中的炎症分子与身体的其他部位进行交流。免疫细胞、内分泌细胞和神经细胞被夹在组成肠壁的各层结构 ② 之间，它们只被一层薄薄的黏液与组成肠道菌群的数万亿微生物隔开 [18]。某些被称为树突状细胞的免疫细胞，将它们的触角伸向这一薄层的黏液，使其与微生物更加靠近。因此，黏液层的任何变化，无论是化学成分还是物理厚度的改变，都会对肠道（菌群）接触这些免疫系统的"哨兵"产生重大影响。

尽管对肠道中的神经、内分泌和免疫系统的特定功能已经进行了非常详细的研究，但是我们直到最近才清楚，只有将所有这些元素被视为一个相互关联的整体（一个系统）的一部分时，才能得到最好的了解它们之间以及与大脑、肠道微生物和我们所吃食物的相互作用。当这些相互作用以和谐的方式同步时，肠道是健康的，但当沟通不畅时，就会影响肠道的正常功能。正如我们通过系统生物学所了解到的那样，这个影响可能会波及全身。

---

① 迷走神经（vagus nerve）分布在颈、胸、腹，支配颈部、胸腔内器官及腹腔内大部分脏器，负责调节循环、呼吸、消化三个系统的器官和脏器。——译者注
② 肠壁的各层结构包括黏膜层、黏膜下层、肌层、浆膜层。其中黏膜层是肠道最里层，黏膜层的杯状细胞还会分泌一层黏液来保护肠壁。浆膜层在最外层包裹着肠道。——译者注

第 3 章

西方饮食习惯造成了肠道菌群的长期压力

我职业生涯中最引人注目的经历之一，就是见证了最近公众对肠道菌群的兴趣激增。在我 40 年消化内科医师的职业生涯中，大部分时间都专注于脑-肠之间的相互作用，同事对我的大部分研究都不感兴趣，而且我经常被普通大众误解，他们以为我试图通过心理学来解释肠易激综合征 ①（IBS）患者的肠道症状。然而，在过去的 10 年里，人们已经认识到肠道和肠道菌群会影响各种身体活动和健康状况，从运动成绩到职场领导力，从抑郁症到阿尔茨海默病。肠道菌群在科学界和普通大众中已经从默默无闻变成了焦点。现在看起来几乎每个人都能流利地谈论自己的肠道菌群。然而对于肠道健康，正如媒体所宣传的和被有健康意识的公众所理解的那样，这仍然是一个模糊不清的概念。

　　健康的肠道到底应该是什么样子的呢？这不仅是一件很难确定的事情，而且我们的文化对肠道菌群的热情接纳，已经对肠道菌群在我们生活中所发挥的作用产生了一种肤浅扭曲的解释。最令人困惑的是，虽然有人夸大肠道菌群的作用，诸如改善肠道健康能够增强人体的能

---

① 肠易激综合征（irritable bowel syndrome, IBS），一种功能性肠病，患者常常不定期出现腹痛、腹胀、排便习惯改变等症状，但是胃肠道结构和实验室检查都无异常。这个病被认为与焦虑、抑郁以及不良的生活习惯有密切关系。——译者注

量，消除脑雾①，或奇迹般地帮你减重，但是我们忽视了更深刻和更重要的讯息，就是肠道健康与数百万人受影响的各种疾病有关。

关于肠道健康的困惑部分源于一种误解，似乎我们正在寻找一种固定的、理想的肠道菌群状态，一旦达到这种状态，我们就会达到某种"健康肠道"的乌托邦。这根本不是肠道菌群的运作方式。尽管肠道和菌群是密切的合作伙伴关系，但两者之间存在明显区别。虽然肠道连接组保持着相对的稳定，但是肠道菌群却在不断变化。肠道菌群的种群能够迅速适应肠道环境的变化，而且适应能力很强，可以生动地反映周围世界的不断变化，特别是我们所供给食物的变化。尽管我们所有的器官都在某种程度上适应了它们所处的环境，但是我们体内的其他系统做不到像肠道菌群一样快的变化速度[1]。

数百万年的进化，经过选择和优化之后的大约两万多个基因，决定了现在人类的生理特征。据估计，其中的一些基因可能需要 1.5 万~2 万年的时间来适应新的环境状况，包括饮食的变化[2]。我们的肠道菌群由大约 40 万个基因组成，其世代更替速度要快得多，这使得它们适应环境变化的能力是人类的 20 倍，即使是那些以前从未遇到过的环境[3]。然而，尽管人类的肠道和肠道菌群在适应能力上存在差异，但是两者从水螅时期就开始漫长的共同进化，产生了共生匹配。这使得人类几十万年以来都可以生活在不同的地方，吃不同的饮食，同时享受最佳的健康。

健康的肠道连接组

什么因素决定了肠道的健康呢？有三个密切相关的因素决定着肠道健康。首先，肠道的内分泌系统产生激素，调节食物摄入和新陈代谢等

---

① 脑雾（brain fog）并非医学术语，是患者用来表达诸如"注意力不集中""记忆力下降""脑子反应迟钝"这一类感觉的描述性词汇。——译者注

功能。其次，免疫系统防御病原体，维持自身耐受性，使身体能够识别自身产生的抗原，并将其标记为无威胁性的存在，同时对外来物质做出适当反应。最后，肠道的肠神经系统调节肠道的蠕动收缩以及液体的分泌和吸收。

从新陈代谢的角度来看，我们可以将肠道健康定义为这样一种状态：当身体需要能量的时候，产生激素的细胞会产生足够多的激素，使人体感觉到饥饿，并且饭后也会产生足够传递饱腹感的信号分子，以此通知大脑，到停止进食的时候了。如果肠道连接组的这个部分不能正常工作，人体就会永远感到饥饿，使人们超过新陈代谢的需求进食，导致体重增加，容易患上 II 型糖尿病。

从免疫系统的角度来看，健康的肠道状态是指肠道的免疫系统细胞通过紧密相连的肠道上皮细胞层和保护性黏液层组成的屏障，与肠道菌群隔离开来。这种双重防御是为了防止肠道的内容物，特别是肠道菌群引发的慢性免疫激活。越来越多的研究表明，肠道屏障可能会被不健康的饮食所破坏，如膳食纤维含量太低或含有过多的糖、脂肪、乳化剂、人工甜味剂以及其他添加剂。品种多样的膳食纤维是肠道菌群的主要食物，如果膳食纤维供给不足，它们就会把贪婪的胃口转向被称为聚糖或多糖的类糖分子，而黏液层是由多糖分子构成的。这种由缺乏膳食纤维饮食导致的保护性黏液层的损失，使得树突状细胞的触角与微生物的接触更加紧密，刺激它们向肠道免疫系统的深层发出报告：发现了潜在的威胁[4]。当这种情况发生时，炎性分子被释放出来，使得紧密连接的肠道上皮细胞之间出现松弛，并且让某些微生物能够穿透，直接与数百万相互连接的肠道免疫细胞接触。这种情况现在被普遍称为肠漏①。

从肠道神经系统的角度来看，健康的肠道可以通过数百万个神经细胞

---

① 肠漏（leaky gut）是由健康科普人员提出的概念，并非医学专业术语，医学上一般表述为"肠道黏膜通透性增高"。——译者注

的综合活动来界定，这些神经细胞能够适当调节肠道的收缩和分泌。这些神经网络协调肠道的各个部分，以消化能力最优的模式收缩，将肠道内容物逐渐从胃转移到大肠。当肠道完全排空时，肠道神经系统会诱发胃肠道有节律的高幅度反复收缩，这种收缩缓慢地贯穿整个胃肠道（GI），即移行性复合运动（MMC）。肠道收缩将食物残渣、肠腔分泌物和肠道菌群从菌群密度较低的上消化道转移到肠道菌群稠密的大肠。如果肠道的大脑（肠道神经系统）工作不正常，可能会导致胃痛、不正常的或功能性的胃肠功能紊乱，比如肠易激综合征或小肠细菌过度生长（SIBO）。

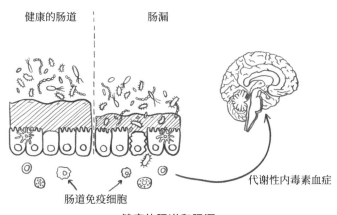

健康的肠道和肠漏

　　在健康的肠道中，内分泌系统、免疫系统和肠道神经系统无缝协同工作，为机体提供营养，调节食物摄入量，同时保护我们免受可能危及生命的肠道感染。在健康的肠道中，这些重要功能的发生不需要我们的任何关注，完全在我们的主观意识之外。

健康的微生物组

　　虽然定义健康的肠道相对简单，但是定义肠道菌群的健康要复杂得多。尽管肠道菌群有时被错误地称为微生物器官，但是它远比我们自己的器官灵活，因此不能像对肝脏、肾脏或心脏那样以静态的方式看待。然而，这并不是使定义肠道菌群健康与否困难的唯一原因。尽管最近人们对此的兴趣和探究激增，但是我们对肠道菌群的了解仍处于萌芽阶段。

美国国立卫生研究院（NIH）在 10 多年前启动了重要的人类微生物组学计划①，并于 2008 年启动了共同基金人类微生物组计划（HMP），目的是全面描述人类微生物组的特征。经过 6 年，在积累了大量科学数据之后，美国国立卫生研究院启动了该项目的第二阶段，目标是更全面地了解人类肠道菌群及其对人类健康和疾病的影响。尽管这项研究仍处于初级阶段，但该项目第一阶段的成果已经非常乐观，就如同 2000 年第一次完成人类基因组调查时那样[5]。事实证明，人类基因组比我们的预期要复杂得多，新的研究已经以令人惊讶的速度展开，揭示了基因在调控和表达背后的过程，包括表观遗传学的重要作用。虽然基因组图谱并未立即提供我们所期望的答案，但是它确实为医学领域出现的根本性变革铺平了道路，包括基因疗法、基因工程和基因测试，如 23andMe② 公司提供的 DNA 分析。在许多方面，不断发展的基因组学已经彻底改变了医学。

同样，微生物组学新的发现也引发了医学界（还有媒体）的兴奋，许多人都仓促地得出同样的结论，认为许多医学无法解释的慢性病症状已经被我们找到了直接的解释和治疗方法。然而实际上，我们才刚刚开始了解这个精密而又复杂的系统，就像对人类基因组的研究一样，仍然需要破解其全部含义。

在我们对肠道菌群了解的早期，研究人员报道了"基础"菌群的存在，某些菌群普遍存在于世界各地的健康个体中。研究人员假设，这些菌群如果发生变化，将代表着菌群的不健康。然而，最新研究所使用的技术，使我们能够以比最初的测序方法更精确、更清晰的生物分类方法

---

① 中国也有类似的项目，2017 年中国科学院启动了"中科院微生物组计划"。——译者注
② 23andMe 是一家专业 DNA 鉴定公司，谷歌联合创始人安妮·沃西基于 2006 年创办。——译者注

来进行研究肠道菌群，达到亚种和菌株的水平①。这些研究表明，个体肠道菌群的构成存在令人难以置信的差异，因此以某些物种来作为健康的标准是个错误的想法，自那以后，这种观念已经被大多数专家所抛弃。然而，许多媒体和科学界的一些成员仍然坚持这种观点，认为从一个肠道菌群到另一个菌群之间是具有连续性的，他们声称菌群中菌种的特定失衡与肠道健康状况不良有关，可以视为某些疾病的诊断，比如用来诊断帕金森病或阿尔茨海默病、肠易激综合征或炎症性肠病。有个例子反映了这种错误认知的执着，最近发表在《自然通讯》上的一项研究提出，研究人员能够简单地通过观察肠道菌群中一组特定微生物在菌群中的比例来区分健康人和慢病患者。然而，研究人员没有考虑到微生物的特殊

---

① 就像地球上的所有生物一样，生物学家将微生物分为不同的分类单元——类型或类别。这个分类学系统（字面的意思就是"有序排列"）使我们能够了解各种生物彼此之间的关系有多近或多远。从最不具体到最具体，生物分类有 8 个主要的级别。（微生物分类的分级，也是按照生物学的"界、门、纲、目、科、属、种"来分的。1990 年，生物学家卡尔·乌斯在"界"之上，又提出了"域"的分类，把整个生物界分为三个"域"：细菌域、古菌域、真核域。把动物界和植物界分在了真核域之下。）在层级结构顶端的大类是"域"，一共只有 3 个"域"，紧随其后的下一个大类是"界"，再下一个是"门"。在层级结构最底层的是最具体的类别"种"。每个"门"都包括经过数亿年进化种类繁多的生物，而"种"是这个"门"中相互关系最密切生物的子集。在"种"之上的就是"属"，是一组相关的"种"。

为了说明这一点，让我们看一下人类和类人猿的例子：人类属于动物界、脊索动物门（有脊髓的所有动物）。我们属于哺乳动物纲、灵长类目和原始人科。我们的属是"人属"（Homo，拉丁语"人"），我们的种是"智人种"（sapiens，拉丁语"智慧"；关于"智人种"这一点尚无定论）。就像我们用术语"智人"（Homo sapiens）指代人类一样，我们用术语脆弱拟杆菌（Bacteroides fragilis）指代拟杆菌门、真细菌界和细菌域的一种特定细菌。我们现存的近亲是类人猿——大猩猩、黑猩猩和猩猩。它们和人类组成了人科。和人类一样，每一种类人猿都有自己的"属"。大猩猩属于同名的"大猩猩属"，其中包含两个"种"；黑猩猩属于"pan 属"，也由两个"种"组成；猩猩属于猩猩属（Pongo），也有两个物种。人类是人属中唯一的物种，尽管许多其他物种曾经一度存在，但是现在已经灭绝，包括在时间线上最近的尼安德特人。

雷沃菌属和拟杆菌属是两种常见的细菌类型，分别属于两个不同的属，这意味着它们从生物学分类的角度来看是不同的，就像我们人类与类人猿表亲不同一样。

之处，肠道菌群如果只是被鉴别到物种（而不是菌株）的水平，预测的准确率仅为 73.7%。

我们现在知道，在工业化社会中，健康个体之间的肠道菌群，可能只有 10% 的菌株是相同的。这个发现促使研究人员探索将菌群的核心功能作为菌群健康的表征[6]。毕竟，这不是肠菌本身，而是它们产生的化合物和信号分子携带着自己的信息进行菌群之间的互动，并且与肠道、免疫系统、大脑和身体其他部分进行交流。通过宏转录组学 ① 和代谢组学，可以测量微生物体内基因的表达和由此产生的化学物质。我们现在已经知道，在健康的个体中差异很大的肠菌群落，却能够产生一套相似的代谢产物和信号分子。归根结底，正是这些代谢产物让肠道菌群之间能够彼此互动，并与我们的肠道发生相互作用，因此是这些代谢产物构成了肠道菌群的核心功能。

除了核心功能之外，健康的肠道菌群还有其他特征。虽然每个群落都是不同并且不断变化的，但是肠道中微生物的丰富度和多样性也有助于肠道维持正常功能。在这里，丰富度是指存在细菌物种的总量，而多样性则是衡量这些物种分布均匀程度的指标。用昆虫举例，丰富度是指要观察的昆虫种群中存在的物种数量，假如有苍蝇、蜜蜂、蝴蝶、黄蜂、蛾子、跳蚤等。然而，如果这些昆虫中 90% 都是苍蝇，那么这就不是一个多样性的种群，无论这个昆虫种群包括多少其他物种。研究人员发现，随着时间的推移，肠道菌群的高度多样性通常与健康和稳定有关[7]。相反，缺乏多样性会使肠道更容易受到感染，这在许多疾病中都很明显，包括肥胖、炎症性肠病，还有 I 型和 II 型糖尿病。并非巧合的是，在过

---

① 宏转录组学（metatranscriptomics）又被翻译为"元转录组学""环境转录组学"，是在特定环境、特定时期，对菌群群落全部基因转录情况和转录调控规律进行整体的研究，以揭示微生物对不同环境压力的适应机制，探索环境与微生物之间相互作用的机理。——译者注

去的几十年里，我们失去了一些关键的微生物菌株，发达国家人群肠道菌群的多样性和丰富度一直在稳定下降[8]。

多样性也是肠道菌群健康的另外两个特征（抵抗力和恢复力）的主要决定因素。任何微生物、昆虫或人类种群，都必须对外部或内部的变化有一定程度的适应能力。如果肠道菌群能够抵抗因病原体、抗生素或短期不健康饮食造成的干扰；如果它有足够的恢复力，在之后能迅速恢复到正常状态，这个肠道菌群就通常被认为是健康的。即便是肠道菌群提供了所有必要的核心功能，但如果缺乏多样性和恢复力，它在面临挑战时，被破坏的风险也更高。

目前对肠道菌群健康的理解是这样的，它并不是一种固定的状态，而是一个动态的、有目标的平衡状态。如果动态平衡才是关键，每个人的肠道菌群都在不断变化，那么我们如何才能准确识别不健康的菌群呢？肠道菌群健康的定义是否会因为居住地不同而存在差异？研究人员试图通过绘制生活在世界不同地区、追求多元生活方式的人群中的肠道菌群变化图来回答这些问题。他们的研究表明，肠道菌群不仅因人而异，而且还因种群、地域和时区而异。

肠道菌群的日常变化

宾夕法尼亚大学佩雷尔曼医学院的微生物学助理教授[①]克里斯托夫·塞伊斯年轻时在特拉维夫著名的魏茨曼科学研究所的埃兰·埃利纳夫实验室工作，当时他发现人类和老鼠的微生态系统并不是昼夜不变的。相反，他发现其组成、功能，以及与机体之间的相互作用都有一个 24 小时的变化周期[9]。这些波动受到进餐时间和所吃食物的影响，也受颅内视

---

① 助理教授，美国大学的教授职衔，与国内不同的是，在教授、副教授之下增加了助理教授这一级。聘任的最基本条件是拥有博士学位，通常经过 3~7 年后才能被提拔成副教授并拥有终生教职。——译者注

交叉上核（SCN）的影响。视交叉上核是位于下丘脑前部的一个微小区域，起着闹钟或起搏器的作用，驱动着我们的昼夜节律，也就是包括睡眠觉醒周期在内的人体日常活动周期。

昼夜节律来源于视交叉上核输入和输出的信号，是体内其他系统与视交叉上核复杂相互作用的结果。这个区域的神经细胞活动在昼夜之间波动，进而改变了神经元和激素的活跃状态，这些神经元和激素调节着许多不同的身体功能，包括肠道和微生物组。此外，与大多数复杂网络一样，视交叉上核和肠道之间的通信是循环的，由多个反馈环路组成。信号进入大脑，然后返回到肠道和微生物组，使得微生物功能发生改变，然后再次反馈到大脑。一般这个通道上的所有信息交流都会随时通知肝脏。当人们改变睡眠或饮食方式的时候，可能造成肠道菌群的节律性紊乱，从而使人们更容易罹患多种疾病，特别是代谢综合征。

为了研究肠道菌群在调节这些波动中的作用，塞伊斯给小鼠施用抗生素，从而抑制其肠道菌群并且消除菌群的波动，他发现以这种方式破坏肠道菌群的功能，会严重干扰某些微生物基因的激活。这种干扰导致微生物产生信号分子，这些分子进入血液后，影响了包括肝脏和大脑在内的多个器官的功能。

塞伊斯和他的团队还研究了进食与昼夜节律的关系，他们发现进餐的时间在塑造肠道微生态和肠道健康方面起着关键作用[10]。当一个人只在白天遵循正常饮食模式的时候，研究人员发现，不同微生物菌群的相对分布存在每日波动，约为15%，并且它们的集体丰度①则呈现更高比例的波动。当他们研究被时差打乱昼夜节律的人时，还证实了在动物试验中观察到的干扰现象。昼夜节律被打乱的时候，肠道菌群也会受到影响。这项研究首次证明了肠道连接组和肠道菌群之间有节奏的相互作用与睡眠觉醒周

---

① 集体丰度指的是微生物组中所有微生物群体的总体数量或总体丰富度。——译者注

期，以及进餐时间同步。许多人都能理解时差反应所带来的那种超现实的感受，以及它对注意力和睡眠的影响。某些专业人员，如护士、医生和警察，会因为他们的工作性质导致不正常的作息时间并且经常处于这种状态，但是很少有人意识到这种干扰会对健康带来严重威胁。长期扰乱正常的昼夜节律，会对肠道菌群节律造成影响，从而导致肠道菌群、肠道连接组和其他器官之间相互交流的变化，是肥胖、代谢综合征、慢性肝病和认知障碍进一步发展的重要原因。然而，正如我将在第 7 章所展现的那样，有可能通过具有时间限制的饮食计划来抵消这种影响，从而重新建立肠道菌群和我们自身代谢的正常节律。

肠道菌群的季节性变化

肠道菌群在白天和夜晚都经历着节律性的变化，但是斯坦福大学贾斯汀与埃里卡·索南堡实验室的研究表明，这种波动变化也会在更大的时间尺度上发生——与季节变化同步。哈德萨族是生活在东非坦桑尼亚大裂谷中部的一个原住民部落，属于一个狩猎采集部落的后裔[11]。截至 2015 年，世界上仍有 1 200 至 1 300 名哈德萨人。人们相信，直到 20 世纪为止，哈德萨人一直在目前的领地上生活了数千年，他们传统的狩猎采集生活方式几乎没有发生过变化。然而，受到殖民、旅游业、不断侵占领地的养牛农户的外界压力，如今，只有大约 300 名哈德萨人完全依靠狩猎采集的方式生存，根据季节的变化，他们将蜂蜜、块茎、猴面包树果实或其他水果和野味带回家。

与所有过着传统的狩猎采集生活方式且不受工业化影响的人群一样，哈德萨人成功避免了罹患西方国家常见的慢性疾病，如肥胖和糖尿病。然而需要始终牢记的是，除了饮食之外，其他生活方式，如更多的体力活动以及不接触人工化学物质等因素，也可能有助于战胜疾病或者降低发病率。

东非大裂谷有着两种截然不同的季节，旱季从 5 月到 10 月，雨季从 11 月到第二年 4 月，这决定了哈德萨人的饮食。尽管他们全年都食用富含膳食纤维的块茎和各种植物，但是雨季期间会食用更多浆果和蜂蜜，而旱季狩猎更容易成功，使得在旱季瘦肉摄入量更高。

为了研究季节性变化对哈德萨人肠道菌群的影响，松嫩堡的研究小组检查了在一年中收集的 350 份哈德萨人粪便样本。正如 2017 年《科学》杂志所报道的那样，他们发现在旱季，肠道中拟杆菌门的增加与这个时期野味消耗量较高有关。在哈德萨人吃更多素食的雨季，这类微生物减少了大约 70%，这种状态与工业社会中人群的肠道菌群非常相似 [12]。然而，与包括美国在内的工业化社会中出现菌群永久性变化形成鲜明对比的是，哈德萨人的肠道菌群在旱季再次恢复到完整的多样性。在工业化社会中永久减少或灭绝的肠道菌群，随着哈德萨人的饮食改变后，又会恢复到可检测的水平。

肠道微生物的相对丰度在季节性上的变化伴随着对碳水化合物利用能力的相应变化，即微生物对碳水化合物的利用能力，是由消化复杂碳水化合物所必需的消化酶的分泌量来体现的，这些酶是将动物、植物和黏液蛋白（肠壁黏液层的关键成分）中的复杂碳水化合物消化为可吸收的代谢产物。在雨季，哈德萨人的这类消化酶的水平较低，而在旱季，这类酶的丰富性和多样性增加了。这项研究的首席研究员塞缪尔·斯米茨认为，微生物群处理不同种类碳水化合物能力的变化反映了季节性饮食的变化，哈德萨人健康肠道菌群的组成和功能也随着季节和摄入食物的不同而变化。这项研究清楚地表明，健康的肠道菌群会随着人们的饮食习惯而发生改变。

能够保持肠道菌群健康的饮食方式

在对哈德萨人的研究之后，几个研究小组对南美、非洲、尼泊尔和北极地区具有传统生活方式的其他土著社区的肠道菌群的组成和功能进行了研究。研究发现他们与西方工业化社会的人们存在很大差异。虽然也发现工业化生活方式的几个方面可能会导致这些差异，但饮食是最一致的因素。

2010 年，由卡洛塔·德·菲利波领导的佛罗伦萨大学的研究小组，对比了佛罗伦萨 1~6 岁儿童和非洲布基纳法索农村儿童的粪便细菌的相对丰度，成功找到了健康肠道菌群中有益菌群的列表[13]。来自非洲农村的儿童，平均在两岁之前都是母乳喂养。此外，他们吃的所有食物都是在当地收获、种植和生产的。在他们的饮食中，饱和脂肪与动物蛋白的含量较低，但是含有丰富的淀粉、膳食纤维和植物多糖，这些复杂的碳水化合物由许多相结合的糖分子组成。就像农业诞生之初的早期人类聚居地一样，他们的饮食主要是素食，包括小米和高粱、豇豆和新鲜蔬菜，其碳水化合物、膳食纤维和非动物蛋白的含量很高。

相比之下，意大利的孩子被母乳喂养到一岁之后，就开始典型的西式饮食，其中加工食品、动物蛋白、糖、淀粉和脂肪含量很高，但饮食中膳食纤维的含量很低。这种现代的意大利饮食，与过去意大利人喜欢的以植物为主的地中海饮食有着明显不同，而地中海饮食是被宣传为世界上最健康的饮食之一。现代意大利饮食的膳食纤维含量大约只有非洲饮食的一半。

意大利儿童与非洲儿童在肠道菌群种类的多样性和相对丰度上存在很大差异并不奇怪。非洲儿童展示出更丰富的拟杆菌门，而厚壁菌门的数量较少，与哈德萨人的肠道菌群在狩猎季节更多样化相同。拟杆菌门和厚壁菌门占生活在人类肠道中的所有微生物门的 90%。

非洲儿童的肠道菌群中，也有更丰富的普雷沃菌属和 Xylanibacter^① 菌属，这两个菌属属于拟杆菌门。这些差异非常关键，因为不同的微生物含有不同的基因，使它们能够很容易地处理已经适应的食物。普雷沃菌有一组基因是用于合成酶的，这些酶能将某些植物纤维消化成短链脂肪酸^②（SCFA），如丁酸、乙酸和丙酸，这类分子具有许多有益的作用，如维持肠壁的完整性、优化免疫功能、发出饱腹感信号。这些短链脂肪酸是健康肠道所需要的关键成分。

能够帮助复杂碳水化合物代谢的微生物基因，在布基纳法索儿童中被发现，同样也在非洲（如哈德萨人）和南美洲（如亚诺玛米人^③）的狩猎采集人群的后裔中被发现。不用惊讶，这些基因在意大利儿童中完全缺失了。

大多数传统饮食的研究都是对在南半球生活的人群中进行的，不过由热纳维耶芙·杜波依斯领导的蒙特利尔大学的研究人员，在 2017 年进行了一项对因纽特人肠道菌群的研究。因纽特人在北极北部过着半传统的生活方式，主要是在加拿大的努纳武特地区，那里可能是地球上残存的最后一块，也是迄今为止最大的狩猎采集者自治领地¹⁴。然而，与其他土著社会不同的是，在因纽特人的饮食中，宏量营养素的组成与西方饮食方式的高脂肪占比很相似。因纽特人最初的饮食主要是野生动物肉和鱼肉，包括海豹、驯鹿、鸟类和鱼类，食用方式有生吃、冷冻、煮熟或发酵。他们吃几种季节性植物和浆果，但是 3/4 的能量摄入来源于动物脂肪。相比之下，居住在蒙特利尔的加拿大人大约 35% 的热量来源于

---

① Xylanibacter 属于拟杆菌门、拟杆菌纲、拟杆菌目、卟啉单胞菌科的菌属，目前还没有中文命名。——译者注

② 短链脂肪酸（short-chain fatty acids，SCFA）指碳原子数量小于 6 的有机脂肪酸，包括甲酸、乙酸、丙酸、异丁酸、丁酸、异戊酸、戊酸。——译者注

③ 亚诺玛米人（Yanomami）生活在巴西北部和委内瑞拉南部热带雨林中的印第安部落。——译者注

脂肪，50% 来自碳水化合物。

然而，就像在许多地方一样，西方的生活方式正在蚕食土著人的生活方式，如今因纽特人的饮食已经变成传统食物和商店购买的加工食品相混合了。传统食物大多以动物为主，在夏季和初秋食用，这个时候狩猎和觅食都更加容易，而西式饮食在 10 月和 11 月最受欢迎。迪布瓦将因纽特志愿者与居住在蒙特利尔的欧洲人后裔进行了比较，后者是典型的西方饮食。研究发现两组人群的肠道菌群构成存在近 20% 的差异。此外，努纳武特地区的每个因纽特人体内的微生物变化程度都高于蒙特利尔，这可能是因为饮食更加多变造成的。

2018 年，明尼苏达大学的研究人员与"索马里、拉丁裔和苗族健康与合作组织"进行的一项研究发布了一份引人注目的研究报告。这项研究表明，来自东南亚地区的移民在抵达美国之后的几个月内，其肠道菌群就迅速被西方化了 [15]。在美国，移民吃的食物中，糖、脂肪和蛋白质的含量更高，他们"几乎立即开始丢失原有的微生物"。该项研究的资深作者丹·奈茨表示，这证明了肠道微生物对环境变化的快速适应能力，多样性的丢失相当明显。只要来到美国，刚开始在美国生活，肠道菌群的多样性就会失去大约 15%。这些移民的肥胖率也增长了几倍。然而，由于日常饮食的改变滞后于肠道菌群的变化，单靠美国食物无法解释这种快速的改变。奈茨认为，饮用水的差异（在天然、未经处理的饮用水中，大多数微生物都没有被发现）和抗生素的使用也有可能是原因之一。

研究人员发现，在 6 到 9 个月内，在工业化社会中更为普遍的拟杆菌属开始取代非西方的普雷沃菌属（两者都属于拟杆菌门）。随着移民在美国停留的时间越长，肠道菌群的多样性就会越少，而这些移民的孩子又会丢失 5% 到 10% 的肠道菌群多样性。

这一现象，即成年动物肠道菌群的变化随世代的推移而被放大，也已在临床前研究中得到证实。例如，使用低膳食纤维食物喂养的第 4 代小鼠，表现出菌群多样性的减少，并且随着世代的交替而加剧。此外，在恢复高膳食纤维饮食后，后代的多样性并没有恢复，这表明小鼠的菌群中丢失的菌种在经过四代的实验周期后已经完全灭绝了。

西方饮食习惯造成了肠道菌群的长期压力

显然，肠道菌群对饮食高度敏感。正如我将西方饮食习惯与各种传统人群的饮食习惯进行比较后所显示的那样，倾向于高脂肪、精制糖、低膳食纤维的饮食方式，对于肠道菌群的活性和多样性都产生了严重影响。

在过去的 75 年里，随着工业化进程的加快，这种改变也在增加，不仅与加工脂肪和糖等廉价食品成分的供应有关，而且还与防腐剂、杀虫剂、除草剂、添加剂和乳化剂等大量非食用化学品的添加有关。这对肠道系统的影响越来越大，进而影响了整个身体。我坚信，这种普遍的饮食变化是各种慢性疾病越来越常见的主要原因之一。

首先，肠道微生态系统几十年来一直处于这种压力之下，这超出了系统的恢复能力，使其更容易受到新的病毒性流行病的影响，并且对微生物与肠道的长期共生关系造成了威胁。现代饮食方式不仅减少了肠道菌群物种的多样性，而且索南堡实验室最近的研究表明，这种饮食还显著改变了几个主要剩余物种的相对丰度 [16]。与来自传统社会的肠道微生物相比，来自工业化地区的人的肠道微生物显示出有 3 个科（普雷沃菌科、螺旋体科、琥珀酸弧菌科）的菌种种类减少，而其他几种菌种增加，其中包括嗜黏蛋白阿克曼菌①。这类特殊的细菌栖息在大肠的黏液层，能

---

① 嗜黏蛋白阿克曼菌（Akkermansia muciniphila, AKK）属于肠道正常菌，可分解粘蛋白，2004 年被分离发现。——译者注

够降解组成肠道黏液层的多糖分子。在缺乏膳食纤维摄入的情况之下，这些细菌就以黏液层为食，使得肠壁黏液层变薄，效率降低，从而侵蚀了肠道菌群和肠道内壁之间的屏障。在西方化的饮食方式中，膳食纤维的摄入会大幅度减少，哈德萨人摄入的膳食纤维是普通美国人的10倍。

肠道菌群随着人类从"狩猎采集"到"农耕"再到"工业化"的社会转变而进化，但是即使在农业工业化出现之前，肠道菌群也是能够适应的。随着人类迁徙到不同的栖息地，根据季节变化和地理特性获得各种食物，不断变化的肠道菌群适应了这些变化。然而，到了现在，帮助我们适应环境的肠道菌群的适应能力，有可能正在破坏我们的健康。随着肠道菌群迅速适应环境的变化，它与人体的其他部分，特别是与较稳定的肠道连接组之间的兼容性越来越差。这种不匹配导致了肠道免疫系统的失调，包括在过敏和自身免疫性疾病中急性不恰当的激活，以及在代谢综合征和某些脑部疾病中出现的低度慢性免疫激活。

这些干扰不能仅仅归咎于饮食。现代化的进程，包括有价值的医学进步，同时也带来了抗生素的滥用和防腐剂的过量添加，更高的卫生水平却降低了饮用水中的良性微生物，减少了人类与土壤和农场动物的接触，以及实施了更多的剖宫产术——所有的这一切也导致了目前肠道菌群的改变。事实上现在已经有充足的证据确定[17]，在人类出生后的第一个1 000天内，如果使用了抗生素、遭受过压力和营养不良，会造成肠道菌群改变，并且这种改变会伴随终生[18]。

我们不能让时间倒退或者让现代化逆转，但是可以去改变我们的日常饮食。改变我们摄入的食物，避免滥用抗生素，再加上对生活方式的调整，比如缓解慢性应激和增加体育锻炼，这些都是在慢性疾病这一压倒性危机中能控制住局面的强而有效的方法。

我们能够检测肠道菌群的健康吗?

几乎每个来找我的病人都希望我能对其肠道菌群的健康状况做出一个决定性的判断。不仅如此,他们还要求推荐最合适的益生元和益生菌,以准确地解决自己肠道菌群的缺陷。其实事情没那么简单。

越来越多的公司声称,如果患者想要得到个性化的诊断和治疗建议,他们可以提供类似 DNA 测试的"微生物指纹",读取他们肠道中各类微生物的类型和丰度,以及对微生物的功能进行评估。

53 岁的记者萨拉是一个很好的例子,她是一个求知欲很强的病人,对自己顽固的症状感到沮丧,她决定自己动手进行治疗并将自己的粪便样本送去分析。当她咨询我的时候,萨拉一直在自行治疗持续的腹胀[①]问题,同时还懊恼体重莫名其妙地增加了 15 磅[②]。这让她感到困惑,因为尽管她一直在吃红肉、含糖饮料和淀粉类碳水化合物,比如意大利面和米饭,但是她发誓在过去的几年里,并没有真正改变过自己的饮食方式。她还出现了一些模糊的症状,如她所说的"脑雾"和"能量缺乏"。她描述了自己对某些食物过敏,包括面筋、乳制品和小扁豆,以及多年来服用的许多药物。

在互联网上研究了自己的症状之后,萨拉确信这些健康问题和肠道不适与肠道菌群状态有关。她急切地想找出是哪里出了问题,还有如何才能减肥。她在来找我之前,已经看过另外两位消化内科医生了。第一位医生将她的症状归因于小肠细菌过度生长和"肠漏综合征"。这位医

---

① 腹胀是一种消化系统症状,不是疾病名称。可分为腹部气胀(abdominal bloating)和腹部膨隆(abdominal distension)。腹部气胀是自己感觉腹部的胀满,而腹部膨隆是腹围增加的外观变化。——译者注

② 1 磅约为 0.45 千克。——译者注

生开了一个疗程的昔服申 ①（Xifaxan），这是一种肠道不可吸收的抗生素，经常用于治疗腹胀。在服用抗生素期间，萨拉一度感觉好了一些，她的腹胀消退了，精力也更充沛了，但是在疗程结束后几周，这两种症状又回来了。第二位医生建议萨拉尝试"低发酵性碳水化合物（low-FODMAP）"饮食法，是一种以低发酵性寡糖、双糖、单糖和木糖醇为主的饮食方式，这已经成为肠易激综合征和腹胀患者的常见饮食 [19]。这种饮食通过去除像在豆类蔬菜纤维中发现的可发酵的短链碳水化合物，剥夺肠道微生物的主要食物来源，减少气体产生，进而减轻她敏感的肠道因气体引起的腹胀。萨拉注意到，她的腹胀有所改善，但是这些改善还不足让她继续坚持这种严格的饮食方式。

萨拉还向我展示了她的两份基于粪便菌群分析的诊断测试报告，一份来自美国肠道计划，另一份是一家名为 Viome 公司出具的。带着这种或其他商业性的肠道菌群分析报告前来进行会诊的患者并不罕见。他们希望我可以帮助他们解读结果，量身定制治疗方案。但是在这一点上，这些分析报告并不等同于血液检查中的胆固醇或血糖的结果。正如我向萨拉所解释的那样，科学技术还没有发达到这个地步，尽管从这些报告中可以收集到一些有趣且有用的信息。

首先，我查看了美国肠道计划的分析结果，这是一项众包的针对全球公民的科研项目，是由加州大学圣地亚哥分校肠道微生物组学先驱罗伯·奈特博士和杰克·吉尔伯特博士于 2012 年共同创立的。我经常建议病人把粪便样本送到美国肠道计划。参与者需要捐赠 99 美元，然后就能收到一个收集粪便样本的试剂盒。每名参与者还要填写一份调查问卷，其中有关于一般健康状况、病史、生活方式和饮食方式的问题。作为回报，患者将会收到一份简短的报告，上面用图表详细说明了参与者肠道

---

① 昔服申（Xifaxan）是商品名，药品名称是利福昔明，是一种广谱的肠道抗生素。
——译者注

中微生物的主要分类，并将检测结果与世界各地约 1.2 万人的微生物结果进行大致比较，还有关于其他信息的比较，如相同性别、相似年龄或相似饮食的比较，甚至有一张图表将客户的肠道菌群与作家迈克尔·波伦那极其健康的肠道菌群进行了对比。该报告还显示检测到的菌群中的 4 个最丰富的菌群和最丰富的菌种——在个人饮食中，这些菌种喜欢的食物含量最大[①]。为了搞清楚被测试者混合样本中细菌的具体分类和其相对丰度，美国肠道计划使用了标准的基因分析技术来检查 16Sr RNA（16S 核糖体 RNA），这是原核生物、无核单细胞生物（细菌和古菌）特有的遗传标记。我相信这是一种廉价而又高度可靠的检测方法，可以检测出肠道微生物的多样性和相对丰度。

然而，重要的是要牢记，这个项目的目标不是为了给患者提供可执行的信息，而是为了能够更科学地认识人类肠道菌群——哪种细菌生活在哪个位置？每种细菌的数量是多少？以及这些细菌是如何受到饮食、生活方式和疾病影响的？换句话说，这只是一个研究项目，并没有宣称其报告可以帮助解释症状或推荐治疗方案。美国肠道计划收集的所有数据都是公开的，世界各地的研究者可以挖掘这些数据，寻找个体的肠道微生物构成与饮食、锻炼、抗生素使用和生活方式等因素之间有意义的关系。

当我们一起阅读报告时，我清楚地发现萨拉有一个相当典型的数据。主要的肠道微生物，厚壁菌门和拟杆菌门的相对丰度与数据库中所有受试者的平均结果相似。厚壁菌门明显多于拟杆菌门，这一点与萨拉高脂肪、低纤维的标准美国饮食相一致。更重要的是，已鉴定出的 4 个最丰

[①] 微生物在人体肠道中生活，它们需要营养来生存和繁殖。不同种类的微生物可能对不同类型的食物有不同的偏好。因此，通过分析参与者的粪便样本，科学家可以推断出哪些微生物在其饮食中能够获得更多营养，从而在报告中显示这些食物。这些信息对于了解肠道微生物与个体饮食之间的关系，以及可能对个体健康产生的影响是非常有用的参考资料。

富的菌群是拟杆菌属、瘤胃球菌科、粪杆菌属和在健康肠道中发现的经黏液真杆菌属 ①。

我怀疑萨拉正处于更年期，尽管这一点并没有反映在她的报告之中。更年期时，卵巢开始逐渐减少雌激素的分泌，而这经常与体重增加和腹胀相关。不幸的是，对于这些烦人的症状，没有简单的病因可以解释，也没有直接的治疗方法。然而，最近我的研究小组获得了美国国立卫生研究院的资助，用以研究肠道微生物组在更年期雌激素急剧变化中所起的作用。这项研究的目的，就是针对萨拉所遭受的这类困境来制定更有效的治疗干预措施。

我向萨拉提到了这个研究项目，并且告诉她，事实上已经有证据表明肠道微生物组与体内雌激素水平的复杂调节有关。还有研究表明，肠道微生物组是循环交流系统的一部分，这个系统还包括女性性激素、肝脏、肠道和身体的许多其他部分[20]。系统内部的变化将改变这种交流，可能会导致像萨拉那样的症状。这些改变包括雌激素水平的降低或者肠道微生物数量的变化，这些微生物能够将分泌到肠道中的雌激素在被肠道重吸收之前代谢掉。

尽管萨拉觉得这项研究很有趣，但她还是想要一个可执行的治疗方案来缓解症状，所以我们看了她的第二份分析报告，这是一份来自西雅图 Viome 公司的报告。他们不是简单地观察不同微生物在肠道中的相对比例，而是分析微生物的实际基因表达，目的是提供准确的个性化食物推荐。根据 Viome 的说法，他们的最终目标是通过识别和治疗肠道微生物组中的失衡、炎症和生态失调这类根本原因来预防和逆转慢性疾病。

Viome 专注于微生物功能，这是我们现在能够对健康微生物组进行

① 经黏液真杆菌属（Blautia），目前还没有达成共识的中文翻译。属于厚壁菌门、毛螺菌科，被认为是一种潜在的益生菌。——译者注

分类的方法之一。他们使用一种叫环境转录组学的尖端分析方法，测量所有微生物和人类基因表达的 RNA（核糖核酸）。这是一种评估肠菌功能极好的方法，因为从微生物基因转录成 RNA 是微生物之间，以及微生物与宿主之间交流的信号分子的生产过程中的必要步骤。

Viome 公司的"肠道智力测试"对一系列肠道功能进行了评分，并将这些功能标记为良好或者需要改进。这些肠道功能可以总结为消化效率、肠道屏障健康、总产气量、蛋白质发酵和代谢适应性等主题。萨拉的"肠道健康报告"表明，她需要改善其中几个方面，包括肠道屏障健康、炎症和总产气量。

Viome 将分析技术与 AI（人工智能）相结合，用以生成个性化的食谱推荐。这一部分对食物进行的分类如下：超级食物、可以享受的食物、最小限度和避免摄入的食物。它还推荐了特定的膳食补充剂、益生元和益生菌。据 Viome 称，他们已经能够使用数万人的肠道微生物组的数据训练这个 AI 引擎，可以准确预测哪些食物和营养素最适合特定患者的肠道微生物组。

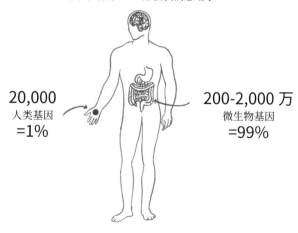

人类基因与微生物基因

虽然我相信 Viome 用来分析微生物组功能的方法是最先进的，优于其他类似的粪便检查，但是其中推荐的个性化饮食和膳食补充剂，并非根据公开的科学研究或者是发表在医学期刊上那些经过精心设计的临床试验。因此，我认为并不适合全面推广。然而我相信在不久的将来，像 Viome 使用的这种方法在预测、诊断和治疗慢性疾病方面具有巨大的潜力，并且将迎来个性化医疗的新时代。

与此同时，我告诉萨拉，在有足够的科学成果对这些推荐表示支持之前，我倾向于一种更传统的、根据经验的方法。首先从以植物为主的饮食开始，这已被明确地证明与健康状况有关，越来越多的研究表明，这种饮食方式对多种慢性疾病有着显著的益处。最好的例子就是传统的地中海饮食。在这样的饮食中，需要仔细观察那些会持续增加消化系统症状的食物，并且在症状开始时尽量减少或在必要时不吃这些食物。乳制品和豆类会增加产气量，通常被认为是引发症状的因素，这并不奇怪，因为大多数成年人缺乏代谢乳糖的乳糖酶，而且一些豆类的代谢物会增加大肠的产气量。发酵的乳制品，比如酸奶或开菲尔①，通常很少产生气体和导致腹胀。我还建议萨拉减少所有动物产品的摄入量，包括奶制品和红肉。以植物为基础的饮食可以提供各种植物中的大量纤维，不仅被证明可以增加微生物及其代谢产物的多样性和丰富性（代谢产物中还包括有益健康的短链脂肪酸），而且还能减少热量的总体摄入，因为这些食物的能量密度较低。换句话说，同样重量的食物中所含的热量更少。

让我用碳水化合物来说明这一点。如果摄入 100 克精制糖，而这种糖不含任何纤维，能量密度为每克 4 千卡，人体将会摄入全部的 400 千卡热量，因为所有的糖都迅速被小肠的第一段吸收，这些热量都到不了大肠中微生物生存的位置，也无法促进肠道微生物的多样性。另一方面，

---

① 开菲尔（kefir），一种传统发酵乳饮料，以牛乳、羊乳或山羊乳为原料，添加含有乳酸杆菌和酵母菌的开菲尔粒发酵剂，经发酵酿制而成。——译者注

如果摄入的是富含膳食纤维的复杂碳水化合物，比如红薯、全麦或燕麦麸、古代谷物 [①] 或野生大米，所有这些都具有较低的能量密度，100 克这种食物相当于摄入了大约 70 千卡热量，大约是精制糖热量的 1/6，而这些碳水化合物所附带的膳食纤维将为人体肠道中各种不同的微生物提供食物。

除了地中海饮食之外，我还建议萨拉在日常饮食中添加自然发酵的食物或饮料，并且开始有规律的适度锻炼，一周中实行一天的限时进食（这一点我将在第 7 章详细讨论）。我说服了萨拉，有个相当简单的方案来解决她的腹胀和体重增加。她一直依赖昂贵的测试以及益生元和益生菌胶囊 [②]。我帮助她开发了自己的个性化饮食，目的是帮助她减少每天的热量摄入，同时增加肠道微生物组的多样性和丰富性。

[①]　古代谷物（ancient grains）是指那些在过去几百年基本保持不变的谷物。几种最典型的古代作物有藜麦、燕麦、大麦、黑麦等。——译者注

[②]　益生元就是不容易消化的纤维以及其他食物成分，可以促进肠道中有益菌的生长。益生菌就是微生物本身，当给予足够量益生菌的时候，能够给宿主的健康带来益处。

第 4 章

长期压力导致肠道微生物组改变
以及脑部疾病的增加

精神疾病和神经疾病，如抑郁症、帕金森病和阿尔茨海默病，是困扰我们的最痛苦的难题。与 II 型糖尿病、肥胖症、代谢综合征和心血管疾病等其他慢性疾病不同，这些疾病的增加并没有遵循一个简单的轨迹。随着时间的推移，许多精神疾病诊断的分类发生了变化，因此在过去的75 年中，并没有准确的方法检测其流行的情况。尽管存在着这样的局限性，但是研究表明，年轻人的抑郁症以及帕金森病、阿尔茨海默病和自闭症谱系障碍的总体发病率在持续上升[1]。然而，这些代谢疾病、认知障碍、精神疾病、神经系统疾病都有着一个共同的致病因素：肠道微生物组。

　　最近的研究表明，被诊断为代谢综合征、心血管疾病和心境障碍的患者，脑部患神经退行性疾病的风险增加[2]。肠道微生物组与肠道免疫系统之间的相互作用发生改变，由此导致这些疾病都伴随着慢性低度炎症[3]。我认为，慢性炎症引起的神经炎症和血管狭窄，是因为过去 75 年以来我们的脑-体网络发生变化导致的。正如各种与代谢相关的疾病，如心脏病、肝病以及某些形式的癌症，都是工业化造成破坏的体现，脑部疾病也是如此。

慢性应激与脑-肠-微生物网络

在我的第一本书《第二大脑》中，我介绍了沿着脑-肠-微生物轴进行双向交流的概念。自那以后，我将这一理论应用于网络科学，并提到了脑-肠-微生物网络，或称 BGM 网络。这是规模更大的脑-体网络内在的组成部分。在 BGM 网络中的交流是循环的。信息沿着两个主要轨迹在多个反馈循环中发送，从肠道及其微生物组到大脑（自下而上的交流），以及相反的方向，从大脑到肠道和微生物组（自上而下的交流）。这种双向的对话交流对肠道和大脑的健康都有着深远的影响。

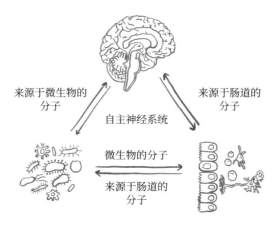

脑-体网络内在的组成部分

就像现代生活方式促进了肠道连接组和微生物组之间的失调一样，它们在大脑层面上也造成了类似的差异，产生了另一种错配，这是我们古老的应激反应系统与数量空前的现代压力之间的错配，这些压力通常不会危及生命。我们的神经系统偶尔会被直接威胁生命的危险触发急性应激反应，这个反应曾经救了我们祖先的命，它对于人类物种的生存是必不可少的，但是如今的这种反应往往被不那么严重的威胁频繁触发。

这种高度的生理压力和慢性焦虑已经产生了严重的后果，比如扰乱了脑–肠–微生物网络关键的通信交流线路。

有许多证据表明，急性应激和慢性应激对这个网络的影响，包括乳酸杆菌属丰度的降低，乳酸杆菌属是一种维持肠道健康重要的微生物菌属[4]。

释放到肠道中的去甲肾上腺素等应激介质可以激活肠道菌群的基因，从而增加细菌与肠道免疫系统的接触。外部压力也被证明会改变整个肠道的收缩和蠕动，影响肠腔内容物通过不同的肠道区域所用的时间，进而影响肠道菌群的栖息地和食物供应量。此外，压力已经被证明会增加肠道黏膜的通透性，造成众所周知的"肠漏症"，这可能会导致肠道免疫系统的轻度激活[5]。

很明显，过去把许多肠道健康发生的变化仅仅归因于不健康的饮食，而其部分原因很可能是因为大脑向肠道发送慢性应激信号所引起的，这

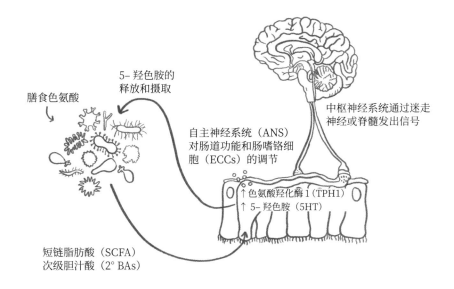

脑–肠–微生物网络

些信号改变了肠道微生物产生的信号分子，进而向大脑发送警报反馈。复杂的脑部疾病无法用简单的线性概念充分解释病因，而是需要更全面的网络科学视角，由这个视角可以看出，长期的压力、焦虑、不健康饮食、缺乏规律性锻炼会协同对肠道健康产生有害影响。这种对 BGM 网络的双重影响在大脑、肠道及其微生物组之间创造了一个持续不断变化的反馈回路。

然而，尽管我们都同样面临着工业化所带来的改变，但是并非所有人都会患上脑部慢性疾病。我们对神经系统疾病的易感性受到遗传因素和生命早期的表观遗传学基因表达的影响。这些因素影响每个人 BGM 网络的结构，决定了一生中 BGM 网络抗干扰能力的强弱。

虽然主要证据都基于动物模型的研究，但是肠道微生物组的改变与最近 10 年中几乎所有大脑疾病的发展都密切相关，从厌食症直到精神分裂症。我在这里重点介绍其中 3 种疾病的最新研究：抑郁症、神经退行性疾病（帕金森病和阿尔茨海默病）、神经发育问题（自闭症谱系障碍）。近几十年来，这些疾病的患病率不仅持续上升，而且还与肠道微生物组的变化和慢性应激相关。

抑郁症

大约 15 年前，科学家、研究人员、媒体、公众对脑-肠连接这个新的概念感到兴奋，几乎只关注发生改变的肠道微生物组（自下而上的作用）是如何促进几种脑部疾病发展的。这在很大程度上是以动物研究为样板转换的结果，如那些显示肠道完全没有微生物的"无菌"小鼠所表现出的异常情绪化行为以及学习和记忆缺陷[6]。这些很有启发性的研究证实，大脑从肠道及其微生物组接收到信号，可以对大脑的功能和行为进行调节。研究人员加大力度，以确定肠道微生物的数量、多样性或功能的变化是否在某种程度上与重度抑郁障碍有关。

近年来，在这些研究之后，研究人员又进行了一系列引人注目的实验，他们将抑郁症患者的粪便转移到无菌小鼠或抗生素治疗后的大鼠体内。这些动物开始表现出沮丧的迹象，这种现象通常被认为是人类抑郁的反映[7]。这些实验让我们对抑郁症的认识向前迈了一大步，明确地证明了从人类粪便中转移的微生物及其代谢产物可以改变小鼠的行为和大脑的生化反应，但是仍然不能让我们确定这些代谢产物中的某种会真正导致人类受试者的抑郁，无论这些代谢产物是单独作用还是与炎症信号等其他物质相结合发挥的作用。

尽管如此，许多研究人员仍在继续寻求一种普遍的"微生物抑郁识别标志"，就是试图证明肠道微生物组产生的特定代谢产物可能与抑郁症相关，而不是将抑郁症视为一种由 BGM 网络发挥重要作用的生物系统紊乱。幸运的是，最近有一些研究只关注自下而上的循环，这些研究在帮助我们更好地理解抑郁症方面取得了很大进展。

2015 年，来自中国的浙江大学传染病诊治国家重点实验室的蒋海寅所领导的一个研究小组确定，只需要根据研究对象肠道微生物的组成，就可以将研究对象归类为抑郁或者无抑郁[8]。更具体地情况是，研究人员比较了 46 名被诊断为重度抑郁症的患者和 30 名未罹患抑郁症的健康受试者对照组的粪便样本中的微生物时，他们发现抑郁症组的拟杆菌门、变形菌门和放线菌门的比例更高，但是厚壁菌门中的栖粪杆菌属（Faecalibacterium）的数量减少了。在哈德萨人肠道微生物组中发现了更多的厚壁菌门，这通常被认为是肠道健康的标志，也与肠道的抗炎能力有关。研究人员发现，粪便中的有益菌越多，患者的抑郁程度就越低。

2016 年，另外两项实验进一步证实了这一发现。其中一项是中国重庆多个科研院的研究人员合作完成的；另一项是爱尔兰科克大学 APC 微生物组的研究人员完成的。研究人员将重度抑郁症患者的肠菌移植[①]到无菌小鼠（中国的研究）和抗生素治疗的大鼠（爱尔兰的研究），也就是说，这些实验动物都没有完整的肠道微生物组。研究人员的目标是证明抑郁症患者肠道微生物组的改变直接导致了他们情绪的下滑[9]。在这两个实验中，接受肠菌移植的动物表现出了类似抑郁症的行为，换句话说，它们的行为反映出人类抑郁症的特征。此外，"抑郁"的小鼠表现出微生物基因的紊乱，就像在抑郁人群中所观察到的那样。这两项研究都表明，抑郁症患者肠道中的某些微生物的代谢产物，比如色氨酸经代谢后的产物犬尿氨酸，会影响小鼠的行为，使之出现焦虑行为和大脑功能受损的症状。

然而，这3项研究对抑郁症患者和作为对照组的健康人的肠道微生物构成进行了比较，得出了不同的，有时甚至相互矛盾的结果。例如，其中一项研究报告称抑郁症患者的拟杆菌门减少，这与蒋海寅早些时候报道的结果相反。换言之，这些研究者中没有一个人能够找到那个难以捉摸的"微生物抑郁识别标志"，如果能找到这个识别标志，就能证明特定的肠道代谢产物和抑郁症之间存在着直接联系。

我相信从实验室小鼠的研究中所能转化的信息是有限的，鼠和人类的差别太大了。实验鼠是近亲繁殖的，这使得研究人员无法区分它们的遗传基因。这些鼠都是在同样的条件下长大，吃同样的食物，生活在同样的温度之下，经历着相同的早期生活环境。此外，用于肠菌移植的少数试验菌株选自数百种不同的菌株，所有这些菌株在生物学机制、肠道

---

① fecal transplants 或 fecal microbiota transplant（缩写 FMT），直接翻译是粪便移植、粪菌移植或粪便菌群移植。2017 年发表在《中国医学伦理学杂志》的文章《肠菌移植规范化管理中的伦理思考》中建议，用"肠菌"替代"粪菌"，目的是消除患者治疗时的生理障碍，减少心理因素在治疗疗效中的影响。国内最新的权威文献是《肠道菌群移植临床应用管理中国专家共识（2022 年版）》，其中 FMT 被称为"肠道菌群移植"。——译者注

菌群的组成、信号分子和神经活性代谢物以及在脑-肠-微生物网络中起作用的受体方面都各不相同。更重要的是，人类大脑的复杂性及其在产生情绪中的作用与鼠的大脑有着天壤之别。

另一方面，参与这些研究的受试者在各方面都互不相同，包括基因、环境和肠道微生物等方面，更不用说他们之间有着不同的饮食方式和各式各样的生活经历。在研究者能够合理地得出明确结论之前，在一小群无菌小鼠的观察中获得的结果，需要在数万名患者中进行评估和确认才行。不过幸运的是，针对几种脑部疾病的大规模研究正在进行中，我将在后文谈论它们。

如果能够证明肠道微生物组在代谢食物成分的时候生成的一些信号分子（如氨基酸）和分泌到肠道中的物质（如胆汁酸和激素）可能与抑郁症有关，将是一件不小的壮举。然而，只有当我们能够完全理解这些化合物是如何影响 BGM 网络功能的时候，这些研究中获得的结果才有意义。我们已经知道，成千上万种由肠道微生物直接产生的化合物，以及源自微生物与肠道相关免疫系统相互作用的许多炎症介质，都参与了这个复杂网络中的通信。尽管如此，我们距离理解这种交流的精确代码还有很长的路要走，距离确定治疗目标就更远了。

最近对神经递质 5- 羟色胺的研究采取了这样一种系统方法，有了异乎寻常的发现。大多数 5- 羟色胺是在肠道微生物组的帮助下在肠道中产生的，但是也有少量 5- 羟色胺可以由大脑独立产生。众所周知，5- 羟色胺是一种在睡眠调节、疼痛敏感、增进食欲和其他重要功能中发挥重要作用的物质，而且它还与几种大脑疾病有关，特别是抑郁症和自闭症谱系障碍。在肠道中，5- 羟色胺有助于调节肠道运动和分泌。由色氨酸产生的肠道 5- 羟色胺，加上犬尿氨酸和吲哚，所组成的就是 BGM 网络中研究最广泛的一类信号分子，而犬尿氨酸和吲哚也是必需氨基酸色氨酸的另外两种具有神经活性的代谢产物 [10]。

尽管 5- 羟色胺在精细调整大脑功能方面起着关键作用，但只有不到 5% 的 5- 羟色胺在大脑中生成和储存。这部分少量的 5- 羟色胺存储于脑干的神经细胞中，这些脑干神经细胞向几乎所有大脑的区域发送上行投射，以及向脊髓发送下行投射。因此，由于这种大量的投射，它对神经活动和行为有着广泛的影响。这种影响在人体的情绪调节网络中占据主导地位，有助于情绪的调节。这是选择性 5- 羟色胺再摄取抑制剂（SSRI）起效的前提条件，SSRI 是一类抗抑郁药物，被普遍认为是最有效的抑郁症干预药物。SSRI 能够增加大脑各个区域 5- 羟色胺的浓度。

人体内另外 95% 的 5- 羟色胺，主要在肠嗜铬细胞中产生和储存，这些细胞起着仓库的作用，5- 羟色胺也储存在肠道神经系统的少量神经细胞中。肠嗜铬细胞是一种存在于肠内膜中的特殊细胞，分布于整个小肠和结肠。

当受到微生物或肠道内容物刺激的时候，肠嗜铬细胞在肠壁分泌 5- 羟色胺进入感觉神经末梢和血液循环，同时也进入肠腔。进入血液的 5- 羟色胺被血小板迅速吸收，因此虽然释放的 5- 羟色胺对肠道有很强的局部影响，对大脑也有间接的影响，但是达到血液循环的 5- 羟色胺很少。此外，5- 羟色胺无法通过血脑屏障，这是一层阻止血液循环中大多数物质进入大脑的细胞层。不过，肠道中释放的 5- 羟色胺还是可以对大脑功能产生重要的影响，因为肠道所分泌的 5- 羟色胺的作用目标是迷走神经的感觉末梢。当受到刺激时，这些神经末梢会发送长距离的迷走神经信号，抵达大脑中的情绪调节网络[11]，5- 羟色胺就是通过这种方式向大脑发出信号。

尽管大脑和肠道所产生的 5- 羟色胺一直被认为是截然不同的，但是最近的研究表明，肠道微生物对我们所吃食物做出的反应，可以影响肠道中 5- 羟色胺的合成和分泌，因此这些肠道微生物的活动可能对大脑和人体的许多重要功能产生影响，比如疼痛敏感性、睡眠和食欲[12]。我们所吃的食物、肠道微生物和肠道之间的交流是双向的。微生物为肠嗜铬细胞产生 5- 羟色胺提供了重要的促进因素，一部分 5- 羟色胺被分泌到肠道内部，即肠腔中，可以对肠道微生物产生影响。最近的研究表明，这种肠腔内的 5- 羟色胺，在微生物组和肠细胞之间起着重要的中介作用。

为了更好地了解肠道微生物在调节 5- 羟色胺和其他色氨酸代谢产物中的作用，研究人员正在使用的一种方法是，比较在无菌条件下饲养的小鼠或无菌小鼠与正常实验室小鼠之间的研究结果。在一项这样的研究中，科学家发现，无菌小鼠血液循环中的 5- 羟色胺含量只有正常肠道微生物组小鼠的一半。此外，正常小鼠体内浓度较高的 5- 羟色胺，伴随着正常小鼠合成 5- 羟色胺所需的丰富的基因表达。这些发现是某些肠道微生物在整个脑-肠网络中对 5- 羟色胺合成和 5- 羟色胺信号进行调节的证据。

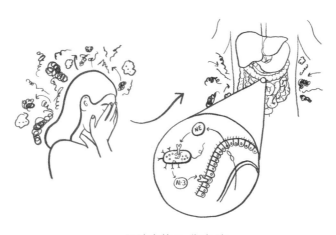

肠腔内的 5- 羟色胺

我的同事兼合作者萧夷年博士，他是加州大学洛杉矶分校综合生物学和生理学系助理教授，他以一系列精妙的实验证明了，短链脂肪酸（膳食纤维被肠道微生物分解后的产物）和次级胆汁酸（促进脂肪吸收的胆汁酸被肠道微生物代谢后的产物）承担了肠嗜铬细胞中近一半的 5- 羟色胺合成。这个了不起的成就，是通过对肠嗜铬细胞中的一种特定酶进行微生物刺激实现的，这使得食物中的色氨酸代谢为 5- 羟色胺的第一步成为可能。

根据萧夷年的小鼠研究结果，微生物在巧克力、燕麦、枣、牛奶、酸奶、农家干酪①、红肉、鸡蛋、鱼、家禽、芝麻、鹰嘴豆、杏仁、葵花籽和南瓜子中遇到的色氨酸越多，这些肠道微生物就越能刺激肠嗜铬细胞产生 5- 羟色胺。换言之，我们给肠道微生物喂养越多属于植物纤维的复杂碳水化合物，以及奶酪和巧克力等富含色氨酸的食物，这些微生物就越能刺激肠道 5- 羟色胺的生成，并且对全身都产生广泛的益处。然而，尽管这种外周系统的效率很高，但是没有证据表明从肠嗜铬细胞直接释放到血液中的 5- 羟色胺可以穿过血脑屏障。

这只是下面各因素之间关系的第一部分，这些因素包括我们摄入的食物、喂养的肠道微生物，以及微生物在肠道生成 5- 羟色胺过程中所起到的作用。萧博士的最新研究揭示了一个引人关注的新观点：微生物本身也会受到由它们刺激而生成的 5- 羟色胺的影响。萧博士发现，某些微生物的细胞膜中有一种分子，与血小板和脑细胞细胞膜中一种分子的结构非常相似，使得这些细胞能够摄取 5- 羟色胺。这种 5- 羟色胺的转运蛋白与大脑中神经细胞所表达的分子相同，是选择性 5- 羟色胺再摄取抑制剂类（SSRIs）抗抑郁药（如西酞普兰和百忧解等）的靶点[13]。

换句话说，肠嗜铬细胞释放到肠道管腔的 5- 羟色胺可以被微生物吸收，并且改变了它们的习性。早期的大鼠研究已经表明，急性应激可以将 5- 羟色胺释放到肠腔中[14]，但是在微生物组科学出现之前，科学家很难找到这个发现的原因。然而，我们现在知道为什么自然界会出现肠嗜

---

① 农家干酪（cottage cheese），一种块状、酸凝乳的新鲜干酪，以脱脂乳为原料，作为高蛋白低脂肪食品在美国普遍流行。——译者注

铬细胞、肠腔和微生物之间的这种联系了。微生物本身并不能从色氨酸中产生 5- 羟色胺，只有肠嗜铬细胞和大脑中的细胞才能进行这种转换，所以肠腔是微生物唯一的 5- 羟色胺来源。尽管我们尚不清楚微生物摄取 5- 羟色胺对健康的影响，但它已经引发了一种有趣的猜测，即抗抑郁药物不仅对大脑发挥作用，还可以通过增加肠道中 5- 羟色胺的含量，对肠嗜铬细胞和微生物之间的交流产生影响。肠道中 5- 羟色胺水平的增加可能不仅在患者服用 SSRIs 药物时会导致胃肠道副作用，而且还解释了抗抑郁治疗的一些独特临床特征。例如，肠道微生物组和饮食的差异可能是机体对这类药物的个体反应和副作用差异的潜在原因，也可以解释为什么治疗效果起效缓慢，而在停药后很长时间内仍然有持续效果。此外，肠道微生物参与 5- 羟色胺的生理机能，可以解释为什么饮食干预作为药物补充能够对像萨拉这样的抑郁症患者产生有益的影响。

科学研究认为，肠道微生物组不仅是刺激肠嗜铬细胞产生 5- 羟色胺的关键因素，而且它们在将色氨酸分解为神经活性物质方面广泛参与。其中一种与大脑功能和脑部疾病直接相关的这类化合物就是色氨酸代谢产物犬尿氨酸。在胃肠道中，犬尿氨酸是由色氨酸在吲哚胺 -2，3- 双加氧酶（IDO）的作用下合成的 [15]。这种基于肠道的酶和犬尿氨酸的产生在很大程度上受到肠道健康和某些肠道菌群活性的影响。一类属于厚壁菌门的微生物，它在肠嗜铬细胞中调节 5- 羟色胺的合成方面起关键作用，但是厚壁菌门的另一种微生物乳酸杆菌属，决定了有多少色氨酸被转化为犬尿氨酸。

虽然大多数读者都很熟悉色氨酸和"快乐分子"5- 羟色胺，但是很少有人听说过犬尿氨酸，它在慢性应激对身体和大脑的影响中，发挥着同样重要而且相反的作用。大量科学出版物已经将犬尿氨酸失调与几种大脑疾病联系在一起，包括抑郁症和阿尔茨海默病在内。例如，小鼠、大鼠、灵长类动物和人类的慢性应激已经被证明会减少乳酸杆菌的相对丰度[16]。对大鼠的研究表明，乳酸杆菌的减少会降低实验动物将色氨酸分解为 5- 羟色胺的能力。慢性应激伴随着 IDO 的增加，导致犬尿氨酸增多，与 5- 羟色胺不同，犬尿氨酸可以自由地从血液进入大脑。脑组织中犬尿氨酸增多最严重的影响有神经炎症和神经变性，两者都与某些形式的抑郁症和阿尔茨海默病有关[17]。此外，因为犬尿氨酸与色氨酸争相通过血脑屏障，所以肠道中产生的犬尿氨酸越多，大脑中可用于制造 5-羟色胺的色氨酸就越少。犬尿氨酸与 5- 羟色胺的比值增高与阿尔茨海默病和某些形式的抑郁症有关。结论是，降低慢性应激并改变饮食习惯可使肠道微生物的丰度增高以及功能得到发挥，这可能会减少转化为犬尿氨酸的色氨酸数量，从而使 5- 羟色胺的合成处于优势地位。目前正在进行研究，以确定这种转变是否对几种大脑疾病有治疗效果。

虽然饮食中的色氨酸代谢成 5- 羟色胺和犬尿氨酸是由肠道细胞完成的，并且受到肠道菌群的调节，但只有肠道菌群本身能够将色氨酸代谢成另一组代谢产物，就是吲哚类。吲哚是一大类密切相关的化合物①，在人体和大脑中具有广泛的功能。例如，我实验室的研究生瓦迪姆·奥萨奇最近证明，有一种吲哚代谢物可能有助于调节大脑网络，影响我们的进食欲望[18]。另一种最近受到关注的是硫酸吲哚酚，因为它可能在自闭症谱系障碍、阿尔茨海默病和抑郁症的发展进程中发挥了作用[19]。

最近发现的几种色氨酸代谢产物参与了不同的大脑疾病和肠道疾病，这强化了一个概念，就是源自色氨酸并由肠道菌群调节或产生的物质，在脑-肠-微生物网络中发挥着关键作用，这个复杂通讯系统的变化可能是不健康饮食、慢性应激或两者兼而有之的结果。

---

① 当提到化合物是"密切相关的"时，通常指它们在结构上或化学性质上有很多相似之处。这意味着这些化合物可能在某些方面相似，可能具有类似的反应性、功能性或生物活性。

神经退行性疾病

阿尔茨海默病和帕金森病是世界上最常见的两种神经退行性疾病。阿尔茨海默病的主要特征是记忆力丧失；而帕金森病的症状，比如震颤和运动迟缓，则与运动有关。尽管表现不同，但是这两种疾病的特征都是大脑中存在着某些异常蛋白，阿尔茨海默病是 β- 淀粉样斑块和 tau-神经原纤维缠结，而帕金森病是由 α- 突触核蛋白无序集聚的路易小体。然而，这两种疾病都有多种共同症状，如抑郁、焦虑、睡眠异常和认知障碍。这种症状的重叠有一种可能的解释，即涉及脑干中的一个微小结构——蓝斑核（LC），它产生激素和神经递质去甲肾上腺素，对调节注意力、觉醒和情绪非常重要。有研究者提出，蓝斑核的退行性变化可能在阿尔茨海默病和帕金森病患者共同出现的神经精神异常中发挥作用[20]。

在大脑的同一区域还有另一种结构，与蓝斑核有着密切的联系，被称为孤束核（NTS）。孤束核从迷走神经接收感觉信号，迷走神经是肠道、肠道微生物和大脑之间主要的沟通途径。在帕金森病患者中，孤束核已表现出神经退行性变化[21]。

这些微小的相互连接的脑干结构，即蓝斑核和孤束核，是 BGM 网络上重要的中继站，始终在肠道菌群和大脑之间持续传递信息。经过这些结构的信息流的变化，很可能与阿尔茨海默病和帕金森病有关。BGM网络及其沿途的许多站点与这些神经退行性疾病的发展密切相关，目前世界各地的研究者正在深入探索，为我们的饮食方式与肠道、大脑和精神健康之间的联系提供新的见解。

帕金森病

帕金森病通常被认为是典型的神经系统疾病，患者的基础症状表现在运动和步态方面，但是也会出现一系列与肠道相关的非运动症状，包括便秘和消化不良。比如排泄物通过大肠的速度过于缓慢而导致的便秘，胃排空延迟导致的腹胀，以及对肠道刺激敏感性增加导致的消化不良，这些症状通常被认为是自主神经系统和肠神经系统的功能障碍所致[22]。研究发现，随着排便次数的减少和便秘严重程度的增高，患帕金森病的风险会增加。在近 40% 的帕金森病患者之中，这些都是最早期的症状，这在临床可检测到的神经症状和运动相关症状的 15 年前就开始出现了[23]。

事实上，现在有越来越多有趣的研究认为，某些肠道微生物组症状的出现可能比帕金森病在脑部出现神经退行性改变要早 10 多年[24]。尽管临床研究仍然仅限于观察患者与健康受试者之间的差异，但是研究者发现，当在帕金森病患者体内发现的各种肠道微生物改变发生在其他健康人身上时，很有可能会增加健康人罹患帕金森病的风险。例如，一些研究已经证实，在帕金森病患者中，普雷沃菌科的丰富性有所减少，普雷沃菌科是一个包括普雷沃菌属的微生物家族[25]。正如第 3 章所述，在西方饮食方式的工业化社会中也观察到了这个改变。普雷沃菌的减少和相关短链脂肪酸减少的后果之一是肠道黏液的产量减少，从而损害了肠道的屏障功能。随着普雷沃菌的减少，帕金森病患者从膳食纤维中产生的短链脂肪酸也减少了，这对包含肠屏障完整性在内的肠道健康有着重大的影响[26]。

迄今为止，这些观察研究仅限于饮食、微生物组和疾病之间的相关性，还没有证明肠道微生物组的改变确实是疾病的病因之一。尽管大众媒体倾向于将这项研究作为一项突破，但是目前这些研究还尚无定论。

尽管如此，研究人员发现，与有抑郁症状的小鼠一样，表现出帕金森样行为的小鼠在接受帕金森病患者的肠菌移植时会受到更大的损害，但是在接受健康人的肠菌移植后，这些实验小鼠并未出现这种情况。其他研究表明，肠道微生物可以对脑-肠-微生物网络产生几种负面影响，包括对大脑中的免疫细胞和神经细胞的影响，以及对血脑屏障完整性和肠道通透性的影响[27]。综合考虑这些发现，可以推测出一些帕金森病患者所诉的早期胃肠道症状，实际上可能是肠道微生物组、肠道连接组以及大脑之间相互作用产生变化的第一个信号。

研究人员最近发现，肠道微生物组也可能在帕金森病的治疗中发挥作用。在哈佛医学院化学与生物化学系埃米莉·巴尔斯克博士的领导之下，加州大学旧金山分校与哈佛大学的科学家在 2019 年进行了一项研究。这个研究表明，用于治疗帕金森病的主要药物对患者的影响各不相同，具体差异取决于患者肠道微生物组的构成[28]。当大脑的特定区域缺乏多巴胺神经递质时，就会出现帕金森病的运动症状，这些症状有肌肉僵硬、姿势改变、步态紊乱、不自主运动和震颤等。治疗这种疾病的主要药物是左旋多巴，其进入大脑后被一种特定的酶[①]代谢成多巴胺，因为左旋多巴可以穿过保护性血脑屏障，而多巴胺不能穿过，无法直接补充。可是实际上只有 1% 到 5% 的左旋多巴能够真正到达颅内，因为它首先会在体内的不同部位代谢，特别是被某些生活在肠道中的微生物菌株代谢后灭活。为了让更多的左旋多巴进入大脑，医生通常会开第二种药物卡比多巴，它帮助阻止左旋多巴在进入大脑之前被肠道代谢。不幸的是，在帕金森病患者中，卡比多巴在阻止肠道微生物组代谢左旋多巴方面基本无效。即使采取这种双重用药的治疗策略，还是有近 60% 的左旋多巴会被肠道微生物灭活。

在对这种现象进行的研究之中，巴尔斯克博士和她的团队明确了是粪肠球菌的某些菌株在左旋多巴的新陈代谢中起着至关重要的作用。根据其丰度、遗传组成和所产生酶的不同，左旋多巴在肠道中分解为多巴胺的效率可能会有很大差异。因为每个人都有不同的肠道微生物组，而人与人之间只有 10% 的肠道微生物菌株相同，所以帕金森病患者对这些

---

① 这种酶叫"多巴脱羧酶"（DDC），又称为"色氨酸脱羧酶"（AAD）。——译者注

治疗的反应可能会存在很大的个体差异。

鉴于新出现的证据表明，肠道微生物调节了我们对多种药物的反应，从 5- 羟色胺选择性再摄取抑制剂到左旋多巴，以及饮食对我们肠道菌群组成的影响，饮食干预可能对一些帕金森病患者和其他脑部疾病患者有效。在左旋多巴的治疗中，有时可以针对特定的微生物菌株来创造一种环境，在此环境中的药物在肠道中分解得更少。在抑郁症患者中，采用地中海饮食后再补充选择性 5- 羟色胺再摄取抑制剂可能会出现大有裨益的效果，对于药物与肠道微生物相互作用的机制可能会有改善。

神经系统疾病的进程有可能延缓吗？

自从我在《第二大脑》一书中讲述了一名早发性帕金森病患者的故事以来，有越来越多的患者来到我的办公室，询问肠道及其微生物组在这种神经系统疾病中的作用。他们主要想知道是否可以采取什么措施来减缓这种潜在疾病的进展。来自加利福尼亚州弗雷斯诺的 55 岁的农夫大卫就是这样一个病人，可是他毫无危险意识，因为当我们第一次见面的时候，他还不知道自己的诊断结果。值得庆幸的是，在他的神经系统症状完全发展出来之前，我们能够很早就确定了他的病情。起初，大卫和他的妻子辛迪来到我的诊所，全面地讨论了他的健康状况。在我们交谈时，我很清楚地了解到，这对夫妇已经顺利地走过了漫长婚姻中不可避免的风风雨雨。他们亲密地坐在一起，亲切地谈论着在农场的生活和他们的 3 个孩子，以及最近对大卫健康的担忧。

大卫首先谈到了他的病史。除了 5 年前他体重有所增加、血压上升、胆固醇水平增高，现在还正在服用药物和初级保健医生 [①]（PCD）所开的

[①] 初级保健医生（primary-care doctor, PCD）美国的初级保健医生，大致相当于咱们中国的社区全科医生。——译者注

他汀类处方药之外，总体来说他是健康的。我问了大卫和辛迪的生活方式。尽管这一家人活动还算频繁，但是鉴于农场的原因，他们有典型的西方饮食习惯，以含糖的早餐麦片、培根和鸡蛋为基础，经常食用红肉、土豆和面包。他们承认，沙拉和其他蔬菜很少出现在餐桌上。

大卫补充道，尽管过去他从来没有过排便方面的问题，但是他最近注意到自己不再坚持每日的那个"例行程序"了。有时他会跳过一天甚至两天不排便。"我不太担心，"大卫指着他的妻子笑了笑说，"是她想让我来看专科医生的。"在他做了正常的结肠镜检查之后，他的初级保健医生向他保证不必担心，并开给他一种泻药，只有症状恶化时才能服用。

"还有一件事，"大卫说完之后，辛迪补充道，"在过去的几年里，有几次我半夜被吵醒，因为大卫在睡梦中大声说话，有时甚至是大喊大叫。有一天晚上，我看到他真的从床上跳了起来，开始四处走动。"

她接着解释说："那个时候他经常看起来心烦意乱，就像做了一个可怕的噩梦，之后他也证实了这一点。无论如何，我认为这是值得一提的，这太不寻常了，而且大卫以前从来没有这样做过。"

让我感到不可思议的是，大卫和辛迪提出的这些看似毫不相关的症状，就好像他们在某种程度上知道，这两个细节结合在一起就构成了大卫健康状况的全貌。正如我最近在其他几名患者身上所看到的那样，这两种症状都可能是帕金森病的前兆。在典型的神经系统症状出现约 10 至 15 年之前，已经在患者中发现了新发作的便秘和快速眼动睡眠行为障碍[①]。

正常的睡眠有两种截然不同的状态。第一阶段是慢波睡眠，就是进入快速眼动（REM）睡眠阶段之前的浅睡眠阶段[29]。第二阶段是出现做梦和大脑高度活跃阶段，事实上，快速眼动睡眠期间记录的脑电活动与清醒时所记录的相似。大多数人认为做梦是一种纯粹的精神活动，但做

---

① 快速眼动睡眠行为障碍（REM sleep behavior disorder）属于精神医学术语，2019年全国科学技术名词审定委员会审定发布。——译者注

梦者在这段时间也会经历暂时的肌肉麻痹，这可以防止与梦相关的身体活动，这种活动可能会导致唤醒。然而，对于患有快速眼动睡眠行为障碍的人来说，这种肌肉麻痹是不完全或不存在的，这使得患者可以在不醒来的情况下做出梦境里的动作。有些人甚至可以从事正常的日间活动。虽然这种睡眠异常相对罕见，但是明尼苏达大学医学院发表在《神经学》杂志上的一项研究表明，38% 患有这种疾病的患者，在诊断后平均 12 至 13 年内患上了帕金森病[30]。与大卫一样，当睡眠异常和新发作的便秘同时出现的时候，这种可能性会增加一倍。

这些并非大卫和辛迪提供给我诊断出大卫的帕金森病的唯一线索。在我们的交谈中，辛迪提到他们的农场位于加利福尼亚州的中央山谷，那里曾被称为全世界有史以来最富裕的农业区。这是一片 400 英里（约为 644 千米）长的狭长地带，是世界上产量最高的农田之一。中央山谷也是农业工业化的中心，因为全美国所消费的农产品大约 1/4 都是在这里种植的，美国近一半的杀虫剂、除草剂和杀菌剂也喷洒在该地区的农作物之上。事实上在我们的会谈中，辛迪描述到，当听到远处喷药飞机的嗡嗡声向他们靠近的时候，就不得不紧急将孩子们叫回房子里，以保护大家免受化学雨的伤害。

无独有偶，这里也是加州帕金森病患病率最高的地区之一。我在加州大学洛杉矶分校的同事贝亚特·里茨博士，是加州大学洛杉矶分校公共卫生学院流行病学系的教授和副主任，同时兼任环境卫生部门和神经学系的联合主管。里茨博士实际上在大卫和辛迪的居住地进行了一项关于帕金森病的研究。里茨博士和她的研究团队招募了 368 名 1998 年至 2007 年期间被诊断为帕金森病的患者，这些患者在确诊前至少在加州中央山谷生活了 5 年，并招募了同等数量的健康受试者作为对照组。然后，研究团队收集了 1974 年至 1999 年期间，居民暴露于两种常见杀虫剂代森锰[①] 和百草枯的估计值。研究人员发现，在离家 500 米范围内接触过这两种农药的人，罹患帕金森病的风险增加了 75%。对于就诊时未满 60 岁的人来说，这种患病风险增加了 4 倍以上，这意味着他们可能在儿童、青少年或青年时期就已经暴露在这两种农药之下了[31]。

有另外的流行病学研究表明，杀虫剂会增加罹患帕金森病的风险。事实上，在过去的 20 年里，有证据表明，杀虫剂也会在动物身上产生类似帕金森病的一些神经化学的、行为方面的和病理学的特征。杀虫剂和除草剂被设计成有毒的，用以防止害虫和杂草进入。例如，神经毒素会麻痹昆虫。许多疾病通过损害各种生物系统，尤其是肠道，导致神经细胞的损失。最近在实验室小鼠身上进行的研究证明了这一点，该研究观察了杀虫剂二嗪农[②] 的作用，这种杀虫剂用于抑制水果、蔬菜、坚果和农作物上的昆虫[32]。

我告诉大卫和辛迪我的初步诊断，并解释说，可能是由于长期接触农场使用的化学物质，在大卫的肠道和大脑中引发了帕金森病的早期症状。我把他介绍给了加州大学洛杉矶分校的一位对这种疾病有专业知识的神经科医生，以确认我的初步诊断。我还解释说，尽管目前还没有有效的药物来减缓病情的发展，但大卫可能在出现全面的神经系统症状前 15 年就已经发现了这个健康问题，这样就大大增加了以肠道微生物组为靶点的治疗方法被开发出来的可能性。

这并非仅仅只是我的乐观态度。有几家生物技术公司目前正在研究针对肠道微生物组的帕金森病新疗法，我的研究小组也在与里茨博士合作，开展一项由美国国立卫生研究院资助的项目，研究目标是探索肠道微生物组在疾病发展中的作用。我真诚地希望在不久的将来能够在这方

---

① 代森锰（maneb），一种锰聚合物，农用杀菌剂，用于种子处理、叶面喷雾、土壤处理、农用器材的消毒等。——译者注

② 二嗪农（diazinon），一种有机化合物，属于非内吸性广谱杀虫剂。——译者注

面取得进展。

尽管目前还没有确凿的科学证据支持，我还是建议大卫转向以植物为主的高纤维、多酚、多 ω-3 脂肪酸的饮食方式，所有这些成分都有证据证明对肠道和大脑是有益的。具体我解释说，摄入膳食纤维可能会增加普雷沃菌的相对丰度，这反过来可能会增加肠道中短链脂肪酸的利用率。对于在这种痛苦的疾病中挣扎的患者来说，除药物治疗之外，还需要采取饮食治疗、行为疗法等多种方法，以解决身体网络系统中的各方面问题。

尽管我提出了患上帕金森病这个令人担忧的可能性，但是大卫和辛迪都表现得很友善，认真地接受了这个消息，并承诺会与我推荐的专家跟进。之后我再也没有见过他们，但是几年之后辛迪打电话告诉我，大卫确实在加州大学洛杉矶分校被诊断患有早期帕金森病，从那时起他彻底转向了素食饮食。不久后，他们卖掉了房子，在洛杉矶北部开办了一家有机农场。听到这个消息我很高兴。希望饮食和生活方式的改变能够对他的病情进展和疾病严重程度的变化方面产生积极的影响。

阿尔茨海默病与认知功能减退

阿尔茨海默病目前是导致老年人痴呆的主要原因。而且患病人数是个天文数字：2017 年，全球估计有 5 000 万人患有这种疾病，预计这个数字每 20 年就会翻一番 [33]。值得指出的是，过早的和严重的认知功能减退，绝对不是衰老的正常表现，尽管人们经常这样以为。虽然随着现在预期寿命的增加，越来越多的人活到了八九十岁，促进了患病人数的增长，但是我们的现代生活方式和饮食习惯可能在其中起到了更大的推动作用。目前还没有经过验证的有效治疗方法来预防或减缓阿尔茨海默病的进程，这更让人关注到科学家和医生仍然不完全了解其病因。

　　不过，越来越多的研究将这种神经退行性疾病与肠道联系起来。许多与阿尔茨海默病相关的基因表明，免疫系统功能改变和肠道微生物组在这个疾病的发展中起作用。最引人注目的研究来自杜克大学的阿尔茨海默病代谢组学联盟。由里马·卡德杜拉·达乌克博士领导的研究人员发现了肝脏、肠道微生物组和神经退行性变的生物标记物之间的联系，这使他们提出将肠-肝-脑轴作为 BGM 网络的一部分，与阿尔茨海默病的发病有关。卡德杜拉·达乌克说：“我们现在可以指出肠道和肝脏存在的问题，这些问题与阿尔茨海默病患者大脑中的一些问题有相互作用，这表明我们真的应该更多地关注大脑与其他器官的互动关系。”[34]

　　来自“阿尔茨海默病神经影像学计划[①]”数据库 1 556 名受试者的分析显示，患者血液中初级胆汁酸水平降低，某些次级胆汁酸水平上升，这个改变被发现与认知功能较差、大脑葡萄糖代谢降低和脑萎缩加剧有关[35]。初级胆汁酸在肝脏中由胆固醇产生，储存在胆囊中，排空进入小肠，然后在肠道中重新吸收，以重新进入全身循环。因此，最初的和重吸收的胆汁酸都会到达身体的许多器官，包括脑部。然而，在胆汁酸短暂过境肠道的时候，与不同的微生物群体发生了相互作用，这些微生物改变了胆汁酸的化学性质，并将其转化成为次级胆汁酸[36]。

　　尽管许多初级胆汁酸和一些次级胆汁酸对我们的健康发挥着积极的作用，比如帮助小肠吸收脂肪，但是研究人员发现，某些次级胆汁酸可能会对大脑功能造成有害影响。特别有趣的是，次级胆汁酸只有肠道微生物才能产生，这种微生物拥有一种酶，叫 7-α 羟化酶，这种酶在胆汁酸的转化中是必不可少的。如果这些代谢胆汁酸的肠道微生物没有功能异常，我们身体和大脑中有害的次级胆汁酸水平就会降低。胆汁酸代谢的遗传改变、代谢胆汁酸的微生物相对丰度的改变、饮食方式的影响，

---

① 阿尔茨海默病神经影像学计划（Alzheimer's Disease Neuroimaging Initiative, ADNI），一项类似于人类基因组计划的研究项目，始于 2005 年。——译者注

这几个方面是否起作用仍然有待确定。回答这些问题的重要研究工作正在进行当中。事实上，卡德杜拉·达乌克博士的研究团队发现，次级胆汁酸的增加不仅与神经退行性变的两个生物标志物（大脑中淀粉样蛋白沉积和 tau 蛋白积累）有关，而且这两种蛋白在大脑中的水平还与从轻度认知障碍到全面的阿尔茨海默病的进展相关。这个令人震惊的发现有力地表明，肠道在阿尔茨海默病的进展中扮演着一个关键性的角色 [37]。

"长时间以来，我们一直在研究大脑，将其孤立看待，"卡德杜拉·达乌克博士总结了她的研究，这是网络科学的优雅体现，"我们不仅应该瞄准大脑，还应该瞄准与大脑交流的其他器官。"

几年前，我在华盛顿特区的美国国立老龄研究所（NIA）组织的一次关于微生物组在衰老中作用的会议上，有幸见到了卡德杜拉·达乌克博士。我们都在会议上各自做了演讲，并听了对方的发言，合作的潜力立刻就显现出来了。因此，我的研究小组被邀请加入一个国际联盟，该联盟由卡德杜拉·达乌克博士、加州理工学院微生物学教授萨尔基斯·马兹曼尼亚博士和加州大学圣地亚哥分校儿科学和计算机科学与工程教授罗布·奈特博士领导。罗布·奈特博士也是"美国肠道计划"研究项目的联合创始人之一。我们的目标是共同确定饮食引起的肠道菌群代谢产物和炎症的变化是如何影响大脑的，并且评估这些代谢产物和认知能力下降之间的因果关系。尽管协调来自美国和欧洲 15 个研究机构的 35 名高级研究人员的研究工作需要付出巨大的努力，但是这项研究已经召集了数千名研究对象，正在为研究肠道微生物组在慢性大脑疾病中的作用设定黄金标准。鉴于这个联盟的规模和先进程度，再加上在这个领域最优秀的领导者，很有可能在未来的 5 到 7 年内对这种破坏性极大的疾病，在认知方面取得突破性进展，并为饮食干预所带来的益处提供确凿的证据。

自闭症谱系障碍

自闭症谱系障碍（简称 ASD）是一种破坏性神经发育障碍，在美国每 45 名儿童中就有一名受到影响。在所有的脑部疾病之中，ASD 发病率的增长速度最为惊人，过去的 15 年里几乎增加了近 3 倍。美国疾病控制与预防中心（CDC）的一份声明称，在接下来的 10 年里，大约有 50 万自闭症患者将成年，这是一股"汹涌的浪潮，美国对此还没有做好准备"[38]。

ASD 的确切病因尚不清楚，但是与所有慢性脑部疾病一样，ASD 的病因被认为涉及遗传和环境风险因素的结合。鉴于这种疾病的遗传风险一直稳定在 50%，ASD 发病的显著增加表明，像饮食习惯等来自外部因素所造成的影响也是很重要的。

ASD 的诊断依据是是否存在社交障碍与重复的刻板行为和它们的严重程度，但是患者也通常会经历免疫失调和胃肠道问题。就如同神经退行性疾病一样，最近有大量研究报告表明，肠道及其微生物组的变化导致了症状的复杂化。也许最重要的是，越来越多的研究已经确定了怀孕期间的风险因素（包括母亲的压力、感染和年龄），这些因素可能会使宝宝更容易患上自闭症或其他神经发育障碍[39]。大量的流行病学、临床和动物研究发现，与感染相关的免疫系统激活以及孕妇代谢健康不良，加上肠道微生物组的相关变化，增加了胎儿患 ASD 的风险。例如，一项研究对怀孕实验室小鼠的母体免疫激活进行了建模，这导致成年后代肠道菌群的组成发生了整体改变。由免疫激活引起的肠道菌群失衡，发现与持续行为异常、神经病理改变、免疫功能障碍和胃肠道完整性缺陷有关[40]。因此，尽管罹患自闭症的人群是从婴幼儿到青年人，但其患病率增加的一个主要原因可能源于母亲的健康。在美国 20 岁至 39 岁年龄段的育龄妇女中，近 60% 体重超重、33% 肥胖、16% 患代谢综合征[41]。

2012 年发表在《儿科学》杂志上的一项研究表明，当母亲患有代谢综合征的时候，生下自闭症孩子的风险最高可增加 2.4 倍。上述这些风险往往被忽视，为了不给怀孕的母亲施加不必要的责任，我深切地希望公众和医生都应该意识到这些风险。在下一章中，我将进一步探讨饮食对孕妇和婴儿的作用，以及罹患 ASD 的风险。

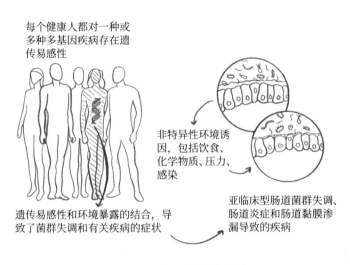

每个健康人都对一种或多种多基因疾病存在遗传易感性

非特异性环境诱因，包括饮食、化学物质、压力、感染

遗传易感性和环境暴露的结合，导致了菌群失调和有关疾病的症状

亚临床型肠道菌群失调、肠道炎症和肠道黏膜渗漏导致的疾病

自闭症谱系障碍症状的复杂化

肠道微生物的改变与肠道屏障受损有关，并且在患有 ASD 的儿童中也有发现。与帕金森病一样，这些患者表现出拟杆菌门与厚壁菌门的比值降低，乳酸杆菌属和脱硫弧菌属的种类增加，所有这些都与疾病的严重程度相关。这种严重程度与短链脂肪酸的减少有关，短链脂肪酸对肠黏膜通透性具有保护作用。与帕金森病和阿尔茨海默病的情况一样，在 ASD 患者中，普雷沃菌属的相对丰度也会降低，在某种程度上，这是生活在工业化社会并采取西方饮食方式的一贯情况。

因此，来自土壤、水和环境科学系的罗莎·克拉马尼克·布朗博士和姜大宇 [①] 博士与亚利桑那州立大学 ASD 营养研究中心主席兼创始人詹姆

---

① 姜大宇（Dae-Wook Kang）是音译的韩国语人名，他是托莱多大学的助理教授。
　　——译者注

斯·B. 亚当斯博士一起进行了一项研究，以探讨与工业化相关的肠道微生物组的改变是否在 ASD 患病率上升中发挥了作用[42]。他们将生活在美国的自闭症儿童与生活在发展中国家的健康儿童进行了比较，对比两者普雷沃菌属的下降程度，以确定这种微生物相对丰度的差异是否比生活在美国的非自闭症儿童更大。正如所预期的那样，他们发现美国的 ASD 患儿似乎更加西化，研究者将这种情况称为"自闭症儿童肠道菌群的过度西化"。这类研究使得一些研究人员认为，缺乏有益的肠道菌群，特别是缺乏产生短链脂肪酸的普雷沃菌属，会损害神经系统的健康[43]。

克拉马尼克·布朗博士和合作者通过探索一种可能具有革命性的治疗 ASD 的方法，进一步推进了他们的发现。为了评估将肠道菌群从健康个体移植到 ASD 患儿肠道的益处，他们对 18 名 ASD 患儿进行了一项开放标签的小型临床试验①。这项研究需要对患儿进行肠道菌群移植。这种新兴的治疗方法是将两周的抗生素使用、肠道清洁和胃酸抑制剂治疗相结合，目的是最大限度地抑制现有的肠道微生态系统，然后进行来自健康捐赠者的肠道菌群移植（FMT）。拓展肠道菌群移植需要在第一天移植的时候使用较高的初始剂量，之后每天使用较低的移植剂量持续 7 到 8 周进行巩固。

根据患者对胃肠道症状的主观评价，在治疗结束时，研究人员发现患者的胃肠道症状减少了约 80%，便秘、腹泻、消化不良和腹痛在内的症状得到显著改善。然而，最令人惊讶的是，他们发现自闭症儿童的行为症状也有了显著改善。此外，在 8 周后的随访时，所有这些改善仍然存在[44]。

在我看来，这项研究最令人惊讶的发现是，清除儿童受损的微生态系统，并重建一个更健康的生态系统，这竟然是一件有可能成功的事情。

---

① 开放标签试验（open-label trial）是指与双盲实验相反的做法，不设立对照组，也没有安慰剂，治疗药物得向研究者和受试者完全公开。这种试验的结论受到干扰的可能性较大，因此可信度低于双盲随机对照试验。——译者注

而重建的微生物生态系统可以具有更多的菌种多样性和丰富的有益菌群，其中包括双歧杆菌和普雷沃菌。不幸的是，除了这项特殊的研究之外，许多试图用健康的肠道菌群取代不良菌群的做法都没有成功。注入一个完整的，无论是健康的还是受到损害的微生态系统中的微生物，通常都不会在新环境中存活太久。例如，大多数服用益生菌的人，48 小时以后就检测不到所获得的菌群了。对于大多数人来说，益生菌不会对肠道微生物的丰度或功能产生持久的影响。同样地，试图通过肠道菌群移植重建肠道微生态系统来治疗各种疾病，如肠易激综合征、炎症性肠病或肥胖症，这类临床研究都失败了。总的来说，因为任何生态系统都永远趋向于稳定性、恢复力和抵抗力，即使恢复到原来的状态并非对健康有益。肠道微生物那些能预防我们生病的特性，也会抵抗向健康的改变。

无论如何，这项对 ASD 患儿的研究是一件令人震惊的特例。研究人员不仅实现了捐赠者的微生物组在患者肠道的成功定植，缓解了胃肠道和 ASD 的症状，而且还实现了持续的变化和改善。事实上，当研究人员在治疗两年之后再次随访这 18 名受试者时，他们发现大部分受试者胃肠道症状的改善都得到了保持，ASD 相关的症状得到了更大改善[45]。肠道微生物组的有益变化仍然持续存在，包括显著增长的菌群多样性以及双歧杆菌和普雷沃菌相对丰度的明显增加。即便如此，仍然需要强调的是，这项研究无对照组，也无安慰剂对照组，这意味着参与者和他们绝望的父母知道他们正在接受可能有效的治疗干预。尽管如此，在这种结果显著的鼓舞之下，对于患有 ASD 伴随胃肠道症状的儿童，研究人员看到了一种有可能成功的疗法，开始在成年 ASD 患者中进行双盲的、有安慰剂对照的试验，并且计划在因新冠导致的临床研究限制①解除之后，就在儿

---

① 2020 年 3 月美国食品药品监督管理局（FDA）发布了在新冠期间针对行业、研究人员和机构审查委员会进行临床试验的指南，并且至 2022 年共进行了 5 次修改。FDA 认为新冠可能会影响医疗产品的临床试验，许多临床试验都被暂停了。——译者注

童中进行类似的研究。克拉马尼克·布朗博士总结道："我们发现，生活在肠道中的微生物与传输到大脑的信号之间存在着非常紧密的联系。"两年后，孩子们的状态变得更好了，这个结果真是令人惊叹 [46]。

外部压力对慢性脑部疾病作用的强化

所有的脑部疾病患者，包括抑郁症、帕金森病、阿尔茨海默病和自闭症谱系障碍等，因为疾病的原因，这些患者无法适应，无法以健康的方式与外部世界进行互动，这意味他们在经历着长期的压力。例如，由于认知能力下降，一次又一次意识到自己的大脑和记忆正在衰退，因此产生了长期的焦虑。在 ASD 患者中，人际交往障碍、社交能力受损以及由此产生的孤独感也会带来压力。在抑郁症中，遗传因素和表观遗传①因素的相互作用使患者对压力的反应过度，导致他们在童年更容易患上焦虑症，而这反过来又使他们更有可能在以后的生活中患上抑郁症。事实上有一些证据表明，开始焦虑的时间越早，就越有可能罹患抑郁症 [47]。此外，在这些疾病中，战斗或逃跑②反应的持续参与以及由此产生的恐惧反应的条件反射，会持续产生焦虑、悲伤和愤怒的情绪，对脑–肠–微生物网络系统自上而下的输入造成了额外的负担。这反过来又会影响肠道，导致微生物组的不利变化，如产生色氨酸代谢产物犬尿氨酸和吲哚的那一类细菌增多，从而增加了低级免疫激活。这些变化通过代谢产物、免疫介质和迷走神经活动等信号传递回大脑，使得最初的障碍得到强化并

---

① 表观遗传（epigenetic）是指在基因的 DNA 序列没有发生改变的情况下，基因功能发生了可遗传的变化，并最终导致了性状和特征的改变。——译者注

② 战斗或逃跑反应（fight-or-flight response），心理学和生理学术语，1929 年由美国心理学家怀特·坎农提出。指身体经过一系列神经和腺体反应引发而进入的应激状态，让身体做好防御、挣扎或逃跑的准备。——译者注

且延续，甚至可能导致结构性的，也就是所谓的神经可塑性的大脑变化。这样的循环交流来回往复不断。

在对脑-肠-微生物的研究中，很少有领域像研究急性应激和慢性应激对肠道菌群组成所造成的影响那样，在临床前研究和人体研究中显示出如此一致的结果。伊万娜·马林及其同事在 2017 年发表在《科学报告》上的一项研究，对这些发现进行了有意义的延伸。这项研究表明，在慢性应激的小鼠中，情绪行为、微生物群的组成和微生物代谢产物的特征发生了显著变化[48]。这与之前关于慢性应激对微生物群影响的研究一致，他们观察到的最显著变化是乳酸杆菌属的比例明显减少，而循环的犬尿氨酸水平上升。值得注意的是，给应激小鼠服用属于乳酸杆菌属的益生菌可以恢复肠道乳酸杆菌的水平，足以降低犬尿氨酸水平并改善行为异常。事实上，乳酸杆菌属的菌种能够产生高浓度的过氧化氢（H_2O_2），作为在竞争激烈的肠道微生态系统中维持其生态位①的一种手段。这些发现表明，乳酸杆菌属产生的过氧化氢可能通过直接抑制肠道 IDO 来防止慢性应激诱导的抑郁样行为的发展。这反过来会降低犬尿氨酸，我们已经知道犬尿氨酸与抑郁症和其他脑部疾病相关。

乳酸杆菌属中"精神益生菌"②产生的这些明显效果在人类研究上尚未重现，但是这些实验有力地支持了其他针对肠道微生物的治疗方法，包括饮食在内的这些方法有可能成为抗抑郁疗法有效的组成部分。此外，针对所有这些疾病的其他仍在进行中的研究表明，我们摄入的食物会影响这些疾病的严重程度，这给了我们所有人一个通过改变饮食方式就能改善大脑健康的机会。

————————————

① 生态位（ecological niche）是指种群在生态系统中的时空位置及功能关系。具体到肠道微生态系统，就是指菌群在这个系统中的生存地位以及与其他菌群的竞争关系。——译者注

② 精神益生菌（psychobiotic），摄入后利于宿主精神健康的活菌，是一个大类的益生菌，代谢产物是神经活性递质，比如 5- 羟色胺、γ- 氨基丁酸。——译者注

第 5 章

饮食对脑-肠-微生物网络的调节

在希波克拉底文集中，收集了大约 60 篇 2 000 多年以前的古希腊医学论文，其中就已经提出禁食是治疗癫痫的一种方法。然而，直到 1920 年代初，当哈佛医学院的研究人员将禁食用于临床时，才将其认为是一种缓解难治性癫痫患者癫痫发作的治疗方法 [1]。由于禁食能够使得新陈代谢转换为酮症①，随着时间的推移，这种经验性见解发展成更为具体的建议，就是采用生酮饮食，这是一种高脂肪、高蛋白质和低碳水化合物的饮食方案，强制脑细胞的代谢以脂肪作为主要的能量来源，进入一种被称为生酮的状态 [2]。

尽管生酮饮食在难治性癫痫患者中的短期临床疗效已经被广泛认可，但是科学家直到最近才清楚地解释了其有效的原因。2018 年，我在加州大学洛杉矶分校的同事萧夷年确认了促成抗癫痫作用的具体肠道菌及其代谢产物。萧博士发表在著名期刊《细胞》上，在这个研究中，研究人员用实验室小鼠鉴定了两种因生酮饮食而增加的细菌：嗜黏蛋白阿克曼菌（AKK 菌）和副拟杆菌。研究人员还发现，小鼠肠道和血液中的生物化学物质水平发生了变化，从而影响了海马体中的神经递质，海马体是

---

① 酮症（ketosis）是由于葡萄糖利用不良引起的一种糖-脂代谢紊乱。禁食后，碳水化合物不足，脂肪分解加速。脂代谢就会积累酮体，进入酮症。——译者注

大脑中参与癫痫发作的区域[3]。研究结果表明，这些细菌产生的神经递质 γ-氨基丁酸（GABA）水平增加，GABA 具有与精神类药物安定相同的抑制神经细胞活性的机制。GABA 和安定都可以打开神经细胞膜上的通道，使神经细胞对各种刺激的兴奋性降低。

尽管要确定萧博士在实验室小鼠上发现的机制是否同样适用于人类，还需要做更多的工作，但是这项研究第一次确定了肠道微生物组参与特定饮食干预对严重大脑疾病的治疗效果，很好地捕捉到营养学和微生物组学研究的总体方向[4]。

在过去的几十年里，研究传统的地中海饮食以及这种饮食对疾病的改善效果之间的关系，已经发生了演变。最初，有着更广泛的比较分析，比如大规模人口研究（显示特定饮食与健康之间的联系）、流行病学研究（研究人群中的疾病）和队列研究（跟踪长期具有共同特征的受试者）。所有这些研究都表明地中海饮食与改善健康之间存在关联。例如，许多此类研究表明，与典型的西方饮食相比，多吃各种新鲜水果、蔬菜、坚果、种子类食物和橄榄油以及少量瘦肉动物蛋白（主要来自家禽和鱼类），与幸福感以及心理健康和满意度达到更高的水平相关[5]。然而，尽管这类研究令人印象深刻，但是这些研究只是提供了相互的关联性，却并没有提供证据证明健康的饮食实际就能带来更好的健康，或者不健康的饮食会导致疾病。此外，在这样的观察性研究中，不可避免地存在其他导致差异的因素，包括所观察的特定饮食受试者之间的社交互动、受试者更高的收入、不同程度的外部压力、个体之间幸福感差异、不同的运动量，这导致很难得到一个确凿的结论。

尽管如此，在过去的 10 年中，研究已经变得更加复杂，更加专注于对饮食和健康之间的这种联系做出一个更结构化的分析，以及对其背后的过程进行更具临床意义的观察。例如，新兴的营养精神病学领域就是这个研究演化的组成部分，旨在开展研究，探索饮食对心理健康的影响。在这些最近的研究中，研究人员将参与者随机分配到试验组或对照组，并跟踪参与者的实际饮食情况。在此之上，最新的研究调查了自下而上从肠道发送至大脑的信息在脑部疾病中的作用，精确地指出特定微生物及其代谢产物左右疾病进程的方式。我认为，这些实验是一个金标准，所提供的科学发现证明了营养和心理健康之间明确的因果关系。

虽然传统地中海饮食与许多非传染性疾病的改善有关，其中包括肥胖症、代谢综合征、心血管疾病、炎症性肠病和非酒精性脂肪肝，但是我主要关注上一章讨论的三种脑部疾病（抑郁症、自闭症、神经退行性疾病）。事实上，考虑到这三种疾病之间的深刻联系，以及我们所有器官在发育过程中受到的影响，我逐渐将这些疾病视为一种复杂的、多方面的综合征。在我看来，单独对每一种疾病的诊断只会人为地将其隔离开来，以至于每一种疾病都需要由不同的专科医师使用不同的药物进行治疗。将这二种疾病视为同一种综合征似乎也是恰当的，因为它们都与新陈代谢紊乱以及不健康饮食相关的慢性免疫激活有关。无论如何，也许三者之间最关键的联系是，有研究表明它们都以某种方式对以植物为主饮食的疗效有反应，如传统的地中海饮食，与纯素食或者素食饮食相比，包含少量的动物制品。

饮食是预防和治疗抑郁症的关键

大量的观察性研究表明，饮食方式会影响一个人对抑郁症的易感性。我们知道，抑郁症是由遗传因素和表观遗传因素的复杂相互作用决定的，包括环境、激素、免疫和生化影响[6]。因此，我们摄入的食物会影响所有这些系统，尤其对这种令人萎靡衰弱的精神健康疾病的发展和进程有着重大影响。

最近的研究表明，深加工食品、动物产品和高精制糖的饮食，比如美国标准饮食，与抑郁症风险增加有关[7]，而以蔬菜、水果、豆类、全谷物和种子类食品为主的饮食，加上少量的家禽和鱼，与抑郁症风险降低有关。事实上，一项荟萃分析检查了 9 份不同的抑郁症研究结果，得出的结论是，坚持这种饮食可以降低 30% 的抑郁风险[8]。尽管观察数据总是包含诸如社会经济差异等复杂的因素，但是这些研究所带来的证据仍然令人印象深刻，足以让我向那些与抑郁症作斗争的患者提出以植物性饮食为主的建议。我也对采用随机、控制饮食干预的新研究数据越来越有信心，这些研究可以更严格地检验这种饮食的临床益处。

其中一项研究，来自西班牙马德里的卡洛斯三世健康研究所的肥胖和营养生物医学网络研究中心，该研究是在阿尔穆德纳·桑切斯·比列加斯博士的领导下进行的，历时 8 年。这是迄今为止规模最大的饮食干预试验，旨在评估传统地中海饮食①对心血管疾病预防的效果[9]。然而，这项被称为 PREDIMED（地中海饮食预防医学研究）的多中心试验也对结果进行了二次分析，以确定与低脂饮食的对照组相比，地中海饮食是否会降低患抑郁症的风险。研究人员发现，遵循地中海饮食的人受益是加倍的，其患心血管疾病和抑郁症的风险都降低了，这恰巧证实了我的"同一种综合征"概念。

---

① 传统的地中海饮食，直到 20 世纪 60 年代，在意大利、希腊和西班牙还是最受欢迎的饮食方式。这是一种主要以植物为主的饮食，特点是大量摄入各种水果和蔬菜、橄榄油、坚果和谷类食品；适量摄入鱼类和家禽；少吃乳制品、红肉和糖果；以及在用餐时适量饮用红酒。

几种传统的亚洲饮食都有相似的饮食结构。传统的日本饮食富含鱼类及其他海鲜和植物性食物，只摄入极少量陆地动物的蛋白质，添加糖和脂肪。这种饮食由简单的、新鲜的、季节性的食材制作的小菜组成。冲绳人的传统饮食是以绿色和黄色蔬菜为主，特别是红薯，以及定期食用少量的小鱼和猪肉。现代地中海饮食和亚洲饮食与传统的相比，其中红肉、乳制品以及包括糖在内的深加工食品的比例要高得多。

与以植物为主的传统饮食相比，纯素食不含所有动物产品，包括肉、海鲜、蛋和奶制品。而素食饮食中只是没有肉、鱼和禽肉。

在最初的研究中，研究人员考察了饮食对心血管健康的影响，一共招募了 7 447 名年龄在 55 岁至 80 岁之间，属于心血管疾病高危人群的男性和女性患者，并给他们分配以下 3 种饮食中的一种：添加特级初榨橄榄油的地中海饮食、添加混合坚果的地中海饮食，或者只是建议受试者减少脂肪摄入的对照饮食。参与者还接受了每季度一次的地中海饮食教育课程，并根据他们所在的群体，获得免费的特级初榨橄榄油、混合坚果或非食品类小礼物。主要目标是查明参与者心脏病发作、中风、死亡等主要心血管事件的风险和发生率，并且研究饮食是如何影响这些结果的。与对照组相比，采用地中海饮食的两组患者，发生重大心血管事件的平均风险都降低了约 30%。事实上，这项研究的效果是如此显著，以至于因为伦理道德的原因，为了对照组患者的健康，不得不中途停止这项研究。研究人员出于良心不能再继续观察下去了。

在对这些数据的进一步分析中，桑切斯·比列加斯博士的团队发现，在地中海饮食中添加坚果的人群患抑郁症的风险降低了 20%。虽然这是一个具有临床意义的发现，但是并没有达到统计显著性①，这意味着结果有可能是偶然的。然而，当研究人员仅分析入组时诊断为 II 型糖尿病的参与者子集的时候，这些参与者的获益增加到 40%，并且确实达到了统计显著性。

地中海饮食对心血管健康和心理健康的这种有利影响不仅证实了这两种慢性疾病的相互关联，而且清楚地表明了改变饮食在改善临床结果和预防并发症方面可以发挥重要作用。我在自己的诊所看到过这样的结果。一次又一次，当我治疗患有各种类型脑部疾病的患者时，要求他们主要采取以植物为主的饮食，之后我得知他们的一些继发性慢性疾病，

---

① 统计显著性（statistical significance），在对照性研究中，疗效判定的统计学意义，指研究组和对照组的疗效差异。一般用 P 值来表示，P 值越大，表示偶然性越多。比如 P＜0.01，表示偶然性小于 1%，P＜0.05，表示偶然性小于 5%。一般认为 P＞0.05 就是没有统计显著性。——译者注

如糖尿病、肥胖症和脂肪肝，也有所改善。

自 PREDIMED（地中海饮食预防医学研究）以来，有两项类似的研究得出了同样类似的结果：HELFIMED（健康饮食搭配地中海饮食）和 SMILES（抑郁情绪下生活方式的改变）。HELFIMED 的这项研究发表在 2019 年的《营养神经科学》杂志上，调查了添加鱼油的地中海饮食是否能够改善自述抑郁的成年人的心理健康[10]。受试者被随机分组，每两周接受一个食品篮，每 3 个月参与一次地中海饮食烹饪研讨会，并服用鱼油补充剂 6 个月，而对照组在 3 个月内每两周参加一次社交活动。

同样，由澳大利亚迪肯大学营养学和流行病精神病学副教授、食品和情绪中心主任费利斯·杰卡领导的 SMILES 研究，调查了对重度抑郁发作中进行饮食干预的有效性[11]。她的研究团队推测，对于已经接受传统疗法治疗的中度至重度抑郁症患者，通过教会他们如何将饮食习惯改变为地中海饮食习惯能够减轻症状。研究人员还推测，这种方法比社会支持干预更好，在社会支持干预中，研究团队的一名成员与参与者一对一会面，讨论他们喜欢的主题，而不涉及情绪敏感的问题[12]。饮食干预包括与临床营养师进行 7 次长达一小时的个人营养咨询，对照组受试者在社会支持干预的会议上也花费相同的时间。在 12 周后研究结束时，31 名入选患者完成了饮食干预；而 25 名患者接受了社会支持小组的治疗。

在 HELFIMED 与 SMILES 两项研究中，饮食干预组在 12 周后抑郁症状有显著改善。事实上，在 SMILES 研究中，32% 的患者得到了临床缓解，摆脱了重度抑郁，而与此相比，对照组中只有 8% 达到了此状态。

当然，这些研究存在方法上的局限性，如饮食干预组知道他们的治疗方法，并推测会有好处，这种"期望偏差"通常会产生安慰剂效应。尽管如此，这 3 项试验以、更大的权威性证实了之前的流行病学研究结果，不管其他正在使用的疗法如何，以植物性饮食为主的饮食方式可以极大地减轻抑郁症的症状。

虽然这些研究的作者推测，地中海饮食带来的肠道微生物变化有助于取得积极的效果，但是设计这些试验的目的并不是为了明确地研究这种相关性。基本问题仍然存在：食用传统的地中海饮食能不能通过改变肠道微生物的组成和功能，从而带来情绪的改善？是否有可能确定与这种变化有关的特定分子的作用机制？或者地中海饮食只是仅仅减少了肠道中的低度免疫系统激活，从而减少了与西方饮食相关的全身炎症和神经炎症？

为了回答这些问题，那不勒斯大学的达尼洛·埃尔科利尼博士和葆拉·维塔利翁博士领导的一个意大利研究小组进行了一项研究，评估地中海饮食对超重和肥胖人群的肠道菌群及其代谢产物相对丰度的影响，这些参与者在其他方面都是健康的[13]。虽然参与者不是因为存在抑郁症症状而被选中的，但是他们在饮食干预之后肠道微生物组发生了快速且显著的变化，由这些结果可以进行推断，以更好地理解这类饮食对抑郁症的影响。

为期 8 周的试验由 82 名参与者完成。参与者被分成两组。一组接受了富含水果、蔬菜、全麦谷物产品、豆类、鱼和坚果的个性化饮食。对照组吃标准的西方饮食。两组消耗相同的热量和相同比例的宏量营养素（碳水化合物、蛋白质和脂肪）。除了标准的血液检验之外，还对参与者血液、粪便和尿液中的微生物代谢产物进行了详细分析。研究人员还使用了一种新的被称为食品组学的分析方法，这个方法是对"组学革命"的最新补充，这个方法分析了食物不同成分分解之后的代谢物模式。参与者自我报告的数据是出了名的不可靠，与之相比这种方法的准确性要高得多。

研究人员发现，地中海饮食组的肠道微生物基因丰度增加了，丰度是一种衡量肠道微生物多样性的指标，这项指标与全身炎症指标成反比。他们还观察到有益微生物的比例增加以及黏液降解微生物（如瘤胃球菌）的减少。比如普拉梭菌（Faecalibacterium prausnitzi）这一类的有益微生物增加，能够更有效地将纤维分解成短链脂肪酸和其他代谢产物。正如第 4 章中所讨论的，其他神经活性代谢物（如 γ- 氨基丁酸或某些色氨酸代谢产物）可能在调节大脑减轻抑郁症症状方面发挥了额外的特定作用，但是根据最近的这些研究，我个人认为长期的全身免疫激活（代谢性内毒素血症）和由此导致的大脑免疫细胞激活的减少，是这种饮食在许多患者中产生自然抗抑郁效果的核心。尽管我不能肯定营养精神病学能够在短期内取代抗抑郁药物或者认知行为疗法，但是这些研究的证据表明，饮食是治疗和预防慢性抑郁症的重要支柱。

益生菌的神奇妙用

玛丽是一名 52 岁的律师，来到我的诊室后，她不仅抱怨着抑郁，还抱怨严重的慢性腹痛和便秘。她坐下来讨论自己的问题时双手紧紧地捂住了肚子，显然她非常痛苦。

"大约 6 个月前，我开始感到严重的腹痛，"她睁着大大的眼睛，忧心忡忡，"我也一直在与抑郁症作斗争。之前已经看过很多医生了。但是他们帮不了我。最近，读了一本关于精神益生菌可以帮助缓解情绪的书，我想听听你的意见，我应该服用哪种药物来帮助缓解抑郁。"

我向玛丽解释说，她最近可能读到许多关于精神益生菌的文章，但是都没有严格的科学证据。精神益生菌是一类活菌，要点在于这种活菌是通过影响肠道微生物组来促进心理健康的[14]。尽管如此，媒体、畅销书和互联网一直在宣传着这种错误的信息，许诺某种益生菌补充剂能够改善情绪，增强认知功能，防止情绪衰退，甚至可以缓解癫痫、注意缺陷多动障碍和自闭症。

　　我向玛丽建议，在我们讨论精神益生菌之前，应该仔细看看她自己的症状。她解释说，在来找我之前，她对自己的腹痛做过很多的诊断检查，包括对上消化道和下消化道的内窥镜检查，腹部的 CT 扫描，并且反复进行了血液检查。就和绝大多数因为类似症状到我这里就诊的患者一样，这些检查都没有发现任何异常。之前的一位医生还开过泻药，不过只能暂时缓解她的便秘症状。与此同时，她的初级保健医生建议她去看精神科医生，医生给她开了几种抗抑郁药物，包括 SSRIs，但玛丽无法忍受任何一种药物，因为这会对注意力、睡眠和肠道蠕动产生影响。她过去对其他药物也有类似的敏感性。

　　在看完玛丽的实验室结果之后，我问了一些关于她生活的一般性问题。她的个人经历揭示了几个重要的细节，可以帮助我更好地了解她的症状。首先，当我问她以前是否有胃肠道症状的时候，她说一直以来都在与这些症状作斗争。事实上，从十几岁起她就经历了长达数月的严重腹痛和便秘。从记事起，她就一直在与焦虑和抑郁作斗争，尤其是在最近的几年里。

　　我小心地询问起她最近的经历，想知道她能否指出任何可能引发焦虑和抑郁的特别之处，这时她说自己几年前离婚了，她成为一个单亲母亲，抚养十几岁的儿子。玛丽还谈起了她母亲的去世，她的母亲在经过与卵巢癌的长期抗争之后于 4 个月前去世了。尽管我立刻就明白了如此巨大的不幸与玛丽的医学症状之间有潜在的联系，就和处于创伤或悲伤以及身体疼痛中的患者经常出现的情况一样，但是她并没有意识到这种关联。尽管情绪的每况愈下与胃肠道问题密切相关，但是她从来没有想到，是自己个人的不幸导致了抑郁。

　　为了帮助她更清楚地了解大脑和肠道之间的相关性，我解释了两者之间错综复杂的关系，以及某些行为因素（比如她所经历的精神创伤）是如何破坏这个系统的平衡，最终导致情绪和胃肠道变化的。尽管这个解释对她来说很有道理，并为她的症状提供了医学解释，但是玛丽仍然想知道益生菌补充剂是否可以缓解她的痛苦。她已经尝试了几种益生菌来治疗便秘，但是没有感受到情绪方面有任何变化。我告诉她益生菌补充剂可能会对一些患者的肠道有益，但是对大脑有明显好处的可能性比较小。

"尽管如此，我还是想积极主动地做一些事情。"她回答说。

我很明白，去相信有一种可以治愈一切的药丸，这种想法是有多么的诱人。尤其是在抑郁症的情况下，步履蹒跚地努力着迈向更好的一天，这种艰难跋涉令人精疲力竭。

但事实上，我认为益生菌永远不会成为治疗抑郁症的主要方法。然而，正如我告诉玛丽的那样，好消息是，在她力所能及的范围内还有其他的干预措施——饮食和生活方式的改变无疑对大脑和肠道都有好处。改变这两个器官之间的交流，可以让精神和肉体两方面都出现改变。但是这样做需要投入更多，当然比简单地仅服用益生菌需要耗费更多的精力和时间。

玛丽点了点头，但是她来之前已经做过功课，"是的，但是为什么会有研究表明益生菌与患者抑郁症状的减轻有关呢？"

我承认，有一些研究表明使用益生元和益生菌都有积极的结果，就像早期的抑郁症研究一样，进行这些研究的目的是确定肠道微生物组和抑郁症之间是否存在因果关系。

在德黑兰医科大学的研究人员进行的一项研究中，将110名抑郁症患者随机分为3组，其中一组接受瑞士乳杆菌和长双歧杆菌这两种益生菌的配制物，一组接受低聚半乳糖（益生元的一种），另一组接受安慰剂，该研究为期8周[15]。这项研究的目的是比较这两种针对肠道微生物组的干预措施对抑郁症的效果。研究人员发现，与其他两组相比，服用益生菌补充剂可以显著减轻症状。

在另一项由新西兰奥克兰大学丽贝卡·斯莱克曼博士领导的有安慰剂对照的研究中，212 名在怀孕和产后表现出抑郁和焦虑迹象的女性在接受了属于益生菌的鼠李糖乳杆菌 HN001 治疗后，呈现出积极的结果[16]。益生菌治疗组的母亲所报告的抑郁和焦虑得分显著低于对照组。然而，值得注意的是，所观察到对情绪的影响只是次要结果，主要结果是明确这种益生菌对患有湿疹的婴儿具有积极作用。

我的治疗计划只是针对玛丽的脑-肠网络的两端，并没有为她推荐一种特定的精神益生菌。我建议她开始以植物为主的饮食，这种饮食富含不同类型的纤维，从而促进肠道微生物的多样性和丰富性，并且加入各种天然发酵的食品。这种组合目的在于改善肠道微生态系统，减轻免疫系统的激活。我还建议她常喝绿茶，因为有几项研究表明绿茶有抗抑郁的作用。这可能与它的主要成分之一有关，这种成分本质上是一种多酚提取物。正如我将在第 7 章中讨论的那样，它已经被证明可以减弱大脑的应激反应。最后，我把玛丽介绍给了我们诊所的一位综合健康教练，教她腹式呼吸和其他易于纳入日常活动的正念①减压练习，这可以帮助她应对最近的不幸。这种心理导向疗法与传统的地中海饮食相结合，辅以自然发酵的食物，在改善抑郁症症状方面被证明是相当成功的。几个月后，当我在一次后续的随访中见到玛丽时，她感谢我指导她对脑-肠-微生物组失衡采取了更全面的治疗。自从我们上次见面以来，她接受了一个短疗程的认知行为治疗课程，并且转向地中海饮食。她觉得自己在克服情绪困难方面取得了很好的进步，尽管偶尔仍然会感到焦虑，但是总体来说，据她估计感觉已经好了 75% 左右。

---

① 正念（mindfulness）属于心理学名词，起源于佛教的坐禅、冥想，正念抛开其中的宗教内容，成为一种心理自我调节的精神训练方法。——译者注

孕期高脂肪饮食增加未来婴儿患自闭症的风险

饮食一直被认为在自闭症谱系障碍中起着重要作用，这既包括受此疾病影响的儿童的独特饮食偏好，也包括一些绝望的父母试图找到一种可以缓解该病症行为和胃肠道症状的饮食方案。不幸的是，除了一些例外情况，在寻找饮食治疗方面的进展甚微。然而，最近关于孕妇及其健康和营养的代际传递效应的研究提供了宝贵的见解。研究认为实验小鼠自闭症样行为的增加，以及儿童自闭症发病率的增加，与怀孕期间全身免疫系统的激活有关[17]。自那以后，几项研究调查了母体的饮食可能通过何种方式促进低级免疫激活及增加自闭症的风险[18]。

值得注意的是，两项这样的研究发现，即使在母体没有肥胖症的情况之下，怀孕期间食用高脂肪饮食也会显著增加胎儿患自闭症和其他精神障碍的风险。贝勒医学院妇产科谢尔斯蒂·埃格德教授率领的研究小组所进行的一项动物研究表明，母体的高脂肪饮食（不是肥胖本身）会影响母体的肠道微生态系统[19]。动物在断奶之后，低脂饮食只能部分纠正后代体内微生物的变化。此外，早期就接触这种高脂肪饮食，出人意料地减少了后代肠道中一种非致病性的肠道弯曲杆菌的丰度，这进一步支持了母体饮食影响婴儿肠道共生菌群的观点。

2016 年，博士后、研究员兼研究合著者谢莉·巴芬顿和休斯敦贝勒医学院神经科学副教授、记忆与大脑研究中心主任莫罗·科斯塔·马蒂奥利报告了类似的发现。他们证明了高脂肪饮食（相当于一天之中多次吃快餐）不仅会刺激实验小鼠母体的肥胖，还会改变它们后代的肠道微生物组，导致社交行为缺陷，比如与同龄者相处的时间很少，以及很少的互动[20]。这些社交缺陷与大脑奖励系统内的信号改变有关。随后的肠菌移植实验表明，高脂肪饮食的母体所生的小鼠体内的微生物失衡是造成社交缺陷的原因。当研究人员使用基因组测序时，他们发现一种名为罗伊氏乳杆菌的物种在后代的肠道中减少了 9 成以上。研究人员决定尝试恢复这种菌，并取得了显著的效果。

"我们培养了一株最初从人类母乳中分离出来的罗伊氏乳杆菌，并将其引入到高脂饮食后代的饮用水中。"巴芬顿解释道，"我们发现，用这种单一细菌菌株治疗能够挽救它们的社交行为。"虽然其他与 ASD 相关的行为，比如焦虑，并没有通过重组这种细菌而减少，但是研究人员确实发现，罗伊氏乳杆菌也能够促进大脑催产素的产生，这种激素被称为"亲密激素"，有助于指导社交行为，当人类缺乏这种激素的时候就会被诊断为 ASD。这些发现证明了肠道微生物组在调节实验室小鼠的社交行为方面具有的影响，但是，这种治疗方法是否能够有效治疗患有 ASD 的儿童还有待观察。

由于在小鼠身上取得了这些令人鼓舞的结果，一些人提出了抗生素、益生菌、益生元和肠道菌群移植来治疗 ASD。一项针对 ASD 儿童的开放标签研究发现，口服万古霉素（一种仅作用于肠道的不可吸收抗生素）治疗 8 周以后，胃肠道症状和 ASD 症状都得到了显著改善，尽管治疗后的几周内这些效果就消失了 [21]。而益生菌治疗在没有长期随访的情况下，临床效果也是好坏参半的。

在给绝望的父母这个虚假的想要通过神奇的精神益生菌轻松治愈 ASD 的希望之前，还需要做更多的工作来证明这些研究的发现可应用于治疗 ASD 患者。不管怎样，对于神经发育障碍最终的治疗来说，这是一条很有希望的研究途径。

地中海饮食可帮助我们保持更好的认知功能

构成代谢综合征的这些疾病，如高血压、心脏病、II 型糖尿病、肥胖症、高胆固醇血症和高脂血症，鉴于这些疾病相互交织的性质，它们也是被研究最为深入的，导致过早认知功能下降的风险因素。这些疾病中的每一种，都会使人增加患上其他疾病的可能性，而且其中的每一种疾病也会使人的认知功能下降风险和患阿尔茨海默病的风险增加。因此，最近进行的观察性研究已经证实，饮食会显著影响一个人患阿尔茨海默病的风险。

2015 年，迪肯大学教授费利斯·杰卡在 SMILES 试验（抑郁情绪下生活方式的改变试验）中领导的一项研究发现，低摄入营养密度高的食物（比如鲑鱼、羽衣甘蓝、贝类和蓝莓等）并且高摄入西式加工食品（比如烤肉、香肠、汉堡、牛排、薯条、薯片和软饮料等）会导致左海马体的体积减小，这是一个对记忆功能至关重要的大脑区域，多在阿尔茨海默病患者的大脑中发现其萎缩[22]。研究人员对 225 名 60 岁出头、未被诊断为阿尔茨海默病的参与者进行了研究，前后 4 年时间，对他们做了两次头部扫描。采用食物摄入频次调查法的问卷对他们的饮食方式进行了评估。经常摄入植物性食物的健康饮食模式与左侧海马体的体积较大有关，而西方饮食与海马体体积较小有关。这些结果与之前在动物实验中观察到的结果相一致。不幸的是，由于在 4 年的研究期间没有进行认识测试，而且研究设计是观察性研究，研究人员只能推测大脑变化和认知功能下降的原因是饮食差异造成的。

已经开发了几种针对特定疾病的混合地中海饮食，比如 DASH（控制高血压的饮食方法）[23] 和 MIND（地中海 DASH 干预神经退行性延迟）。所有这些都主要是以植物为基础的饮食方式。DASH 融入了更多对心脏健康有益的脂肪。MIND 结合了地中海饮食和 DASH 饮食，着重强调那些与改善大脑功能有关的方面，比如富含多酚的浆果和绿叶蔬菜，但是与 DASH 和地中海饮食相反，MIND 不建议大量摄入水果、乳制品、土豆或者每周吃一顿以上的鱼。地中海饮食和 DASH 饮食的有益效果，在针对代谢综合征各种临床表现的随机干预试验中已经得到证明，这些症状包括肥胖、高血压、糖尿病、高胆固醇和高血脂、胰岛素敏感性降低、代谢性内毒素血症、抑郁症和认知能力下降，所有这些症状之间都存在相互关联，也与阿尔茨海默病有关。

2015 年，已故的内科教授、社区研究助理教务长、拉什健康老龄化研究所所长玛莎·莫里斯博士创立了 MIND 饮食法。这个饮食方法是基于她通过营养饮食预防阿尔茨海默病的开创性研究[24]。她测试了约 970 名"快速记忆与衰老项目"的参与者，他们都是居住在芝加哥退休社区和老年公共住房单元的志愿者。参与者接受了为期 9 年且每年一次的神经系统评估和饮食评估。这项研究的主要目的是想知道，对 MIND 饮食法的坚持程度是否会与认知能力和阿尔茨海默病的发展相关。研究人员设计了一种"MIND 饮食评分"来评估参与者对饮食的遵守程度，并且跟踪认知功能的变化。事实上，在研究期间，那些坚持程度最高的人明显表现出认知下降速度较慢（通过认知测试分数来进行评估）和较低的阿尔茨海默病发病率。事实上，与得分最低的那 1/3 人群相比，得分最高的那 1/3 人群的阿尔茨海默病发病率降低了 53%，而中间 1/3 的人群阿尔茨海默病发病率降低了 35%。由于数据分析没有显示任何统计证据表明 MIND 饮食得分和阿尔茨海默病发病率之间的关联是由于参与者的肥胖、代谢功能障碍或心血管疾病，因此研究人员得出结论，坚持 MIND 饮食可能对大脑健康产生了直接影响。

小肠所吸收的营养物质和肠道菌群产生的代谢物，都主要来自以植物为基础的饮食，这被认为是能够改善肠道微生物组的关键。许多的动物研究表明，肠道微生物组受到高含量的动物脂肪饮食的负面影响，这会导致神经炎症、记忆力下降、焦虑增加，以及脑源性神经生长因子（BDNF）减少。脑源性神经生长因子是一种在中枢神经系统中对学习和长期记忆所必需的基本神经生长蛋白[25]。此外，有研究表明地中海饮食与有益菌属（比如乳酸杆菌、双歧杆菌和普雷沃菌等）的丰度增加有关，同时也与致病性梭状芽孢杆菌的减少有关。总体而言，这些与饮食相关的肠道微生物菌群的改变导致了微生物群的特点组合与几项代谢健康的益处相关，比如降低坏胆固醇、降低血脂水平以及减少全身免疫激活[26]。

受到前文提到的那不勒斯大学对体重超重者肠道微生物组研究的启发，爱尔兰科克大学的微生物基因组学教授保罗·奥图尔联合来自 5 个欧洲不同国家的研究人员，目的是研究地中海饮食对肠道微生物组的影响，是否与认知功能下降和其他身体虚弱的指标相关[27]。在这种情况下，虚弱是指慢性低度炎症的发展、肌肉萎缩、骨量损失、认知功能下降，以及患 II 型糖尿病、阿尔茨海默病或帕金森病的风险增加，这在发达国家的老年人中是很常见的。

研究人员对 612 名年龄在 65 岁至 79 岁的受试者，进行了长达一年的评估，观察饮食干预对肠道微生态系统和相关症状的影响。在这些受试者中，323 人接受地中海饮食，而 289 名对照组受试者继续正常饮食。这项研究发现，地中海饮食者肠道细菌的数量和功能显著增加，这与保持更好的认知功能，血液中的炎症标志物减少，衰弱程度降低相关。

因地中海饮食而变得更加丰富的那些特定的微生物，被称为"饮食敏感"类菌群，其中包括普拉梭菌属、罗氏菌属、拟杆菌属和普雷沃菌属，它们都因为与代谢健康相关而闻名。这些"饮食敏感"类菌群中的大多数已经与促进健康的活动相关联，包括产生短链脂肪酸和抗炎分子，并且它们也与 II 型糖尿病和结直肠癌等疾病呈负相关。

在第 3 章讨论的传统狩猎采集人群中，也发现了一些同样促进健康的微生物，这反映出在他们的饮食中有着大量的未加工且富含纤维的食物，并且没有那些在加工食品中添加的化学物质。这些微生物还与复杂碳水化合物（或称为纤维分子）的消耗量增加有关，这种复杂碳水化合物在以植物为基础的地中海饮食中尤为突出。有趣的是，在那不勒斯大学的研究中也观察到类似菌群的增加，那不勒斯的研究是在更年轻的人群中进行的，这表明这些有益健康的饮食影响的不仅仅局限于老年人，还可能使所有年龄段的人群受益。事实上，这两个研究团队自那以后就一直在合作，他们设计了一项研究，将地中海饮食与某些短链脂肪酸的增加联系起来，这些短链脂肪酸与降低炎症性疾病、糖尿病和心血管疾病的风险有关。然而，最重要的是这项研究表明，即使只坚持一年的地中海饮食，就能够显示出与缓解衰弱、改善认知能力、减少血液中的炎性标志物有非常强的因果关联。

相比之下，地中海饮食中表现出丰度下降的那些微生物菌属（包括瘤胃球菌属、粪球菌属和韦荣氏球菌属），都是在那些采用典型的西方不健康饮食的人的肠道中更丰富，这些饮食中含有大量的单一碳水化合物（单糖）。

当作者超越了"有益菌"和"有害菌"的概念与相对丰度，评估了饮食引起的菌群功能代谢变化之后，他们发现了整个微生物组对饮食反应的"全貌"和其中的巨大差异。饮食敏感菌的增多与肠道菌群消耗了更多的非淀粉类复杂碳水化合物有关，这些复杂碳水化合物在地中海饮食中占有很大比例。相比之下，饮食敏感菌数量的减少与肠道菌群的单糖消耗量增加有关，而精制糖是西方饮食中的重要组成。负面的肠道微生物组反应还伴随着几种产生次级胆汁酸的微生物增多，杜克大学的里马·卡德杜拉·达乌克博士表明，次级胆汁酸与有害的大脑改变和认知能力下降有关，这意味着与阿尔茨海默病的发展有关[28]。

然而，这项研究最有趣的发现之一，是这两组菌群不仅对地中海饮食干预的反应不同，而且它们在肠道微生物网络中也扮演着完全不同的角色。当应用于表征其他复杂系统的相同教学方法来描述这些微生物组时，就像在第 2 章所描述的大脑一样，因地中海饮食而增多的肠道菌在这个网络中占据着中心并且有影响力的位置。在网络科学术语中，这意味着这些菌群控制着网络中的所有其他菌群及功能。另一方面，在饮食干预中减少的菌群在网络中的影响力较小，处于边缘的位置。这听起来像是一个常人难以理解的发现，实际上这对于重新认识以植物性为主的饮食方式的益处具有重大意义。饮食敏感类菌群的中心位置和影响力表明，它们对整个肠道微生态系统的稳定性非常重要，使得这些菌群成为"关键"物种。任何生态系统中关键物种的丧失，就比如黄石公园的狼或草原上的野牛，都会对整个生态系统的健康产生深远影响。

以植物性为主的饮食对某些微生物功能和肠道健康能产生有益影响，虽然我们了解这一点已经有一段时间了，但是这些新发现揭示了更多的健康益处，能够让我们更清楚地了解，健康的饮食在面对外部压力时可以提高脑-肠-微生物网络的恢复能力，从而促进我们身体的整体健康。

越来越多研究微生物组的科学家正在将网络科学和图论应用于肠道微生物网络的研究之中。我自己的研究小组已经开始将肠道微生物组的网络特征，比如中心性、中枢性、恢复力等，与大脑的网络特征联系起来，研究将这种"多组学①"的系统方法应用于健康和疾病领域的 BGM 网络。正如我在第 2 章中所解释的那样，不论由大脑中数十亿个神经细胞组成的网络还是由肠道中的数万亿微生物组成的网络，这些网络的组成并不是重点。因为管理所有这些网络系统功能的规则是非常相似的。事实上，通过对生物学相关性特征的描述，帮助我们理解个人健康、饮食、身体与外部世界交流这几方面的相互作用才是至关重要的。

下一章将继续探索不同类型的相互联系，包括运动、心理健康和饮食健康之间的重要关系。在长寿而充实的人生之中，植物性饮食并不是唯一要做的。最近的研究表明，饮食和运动相结合对我们的健康更为有益。

---

① 多组学（multiomics）是探索生物系统中多种物质之间相互作用的研究方法。在对肠道微生物的研究中，随着微生物组学研究的发展，越来越多的研究人员开始将本书前文所提到的多门组学联合起来，从微生物的物种、基因以及代谢产物等层面解释科学问题，以更好地理解疾病病变的过程以及体内物质代谢的途径。——译者注

第 6 章

运动和睡眠对肠道微生物组的影响

人体是一个紧密相连的网络，大脑、肠道和微生物组是其中主要的枢纽。如果在脑-体网络中产生了不匹配，就会导致网络紊乱，表现出慢性低度炎症和慢性疾病风险的增加。虽然饮食是降低这种风险非常重要的策略之一，但是科学表明，我们的生活方式，尤其是锻炼和休息，也会极大地影响我们的健康，包括体内微生物组的构成和功能。虽然影响健康的一些变量是我们无法控制的，比如遗传的脆弱性和社会经济环境的影响，但是有一些干预措施可以帮助我们掌握自己的命运。

运动

几十年来，我们都知道体育锻炼是健康和长寿的支柱之一。定期锻炼对新陈代谢和心血管健康都非常有益，比如降低心脏病发作和中风的风险，改善大脑健康，减少抑郁和焦虑，以及减缓认知能力下降。相反，在我们当前的健康危机中，久坐的生活方式是导致高发病率的关键因素。最近的研究还发现，运动可以延长我们的健康年龄。2020 年由弗兰克·胡博士和弗雷德里克·斯塔尔博士领导的哈佛大学陈曾熙公共卫生学院的一项研究表明，每天至少 30 分钟的中等到剧烈的体育活动是 5 种可以增加预期寿命的生活方式之一。其他 4 种分别是健康饮食、体重正常、不吸烟、适度饮酒。研究人员指出，在 50 岁时就开始遵循这 5 条简单的指导原则，可以增加 7 到 10 年的无病岁月 [1]。即使在中晚年养成健康的生活习惯，也可以在不依赖越来越多的药物和医疗系统的情况下获得更长的寿命。

芬兰赫尔辛基大学的一组研究人员也报告了类似的发现，该小组是由索尔亚·尼贝里博士领导。通过一项具有前瞻性的多队列研究，他们分析了来自多个欧洲国家的 116 043 名参与者的数据，发现在选择相同健康生活方式与无病年龄岁数之间，存在统计学上的显著关联 [2]。研究人员发现，身体活动、健康的身体质量指数 [1]、无吸烟史和适量饮酒是与无病年龄增加的最大相关因素。有几个因素还与延长寿命，不患 II 型糖尿病、心血管疾病、呼吸系统疾病、癌症有关。虽然哈佛大学和赫尔辛基大学的研究并没有证明运动锻炼或其他因素与长寿之间的因果关系，但是两份研究都为之提供了一个强有力的证据。

运动不仅与健康饮食同样有益，而且哈佛大学的这项研究还表明，饮食和锻炼之间可能是相辅相成的。也就是说，健康饮食和每天锻炼相结合，对健康寿命的延长比单独任何一种都有更大的积极作用。我相信两者共同对 BGM 网络的健康产生协同作用，防止免疫系统的适应不良。相反，缺乏锻炼和糟糕的饮食会导致全身的低级免疫激活，这是肠道微生物组和肠道免疫系统之间通信异常的结果。有证据表明，与这个网络中的循环交流相一致的是，运动锻炼对肠道菌群有益，并能改善运动成绩。

与许多微生物组学研究一样，第一份证据来自对实验鼠的研究。研究发现自由奔跑的大鼠的肠道菌群与活动受限的大鼠的肠道菌群不同，

---

① 身体质量指数（BMI）简称体质指数，是反映身体胖瘦的量化指标。计算公式：BMI= 体重（千克）÷ 身高（米）。——译者注

体内丁酸（属于短链脂肪酸）的水平也有所增加[3]。短链脂肪酸是由某些微生物在结肠中发酵膳食纤维所产生的，其中最常见的短链脂肪酸是丁酸、乙酸和丙酸，它们对肠道、免疫系统和大脑都有积极的影响，对肠道壁有支持作用，可使免疫功能恢复正常化，并且能够引发饱腹感。

在对运动大鼠的肠道菌群变化进行早期观察之后，爱尔兰科克大学 APC 微生物组研究所的一组研究人员在弗格斯·沙纳汉教授的领导下，对爱尔兰橄榄球运动员中的精英球员进行了一项关键性的研究[4]。研究人员比较了橄榄球运动员和健康对照组之间几种肠道微生物组的特征，以及肌肉活动和血液中低级免疫激活的指标。健康对照组由身体质量指数正常至较高并且久坐不动者组成。研究人员发现，这两组人员在肠道菌群的多样性、生物相对丰度以及代谢途径和粪便代谢产物的活性方面存在显著差异。运动员拥有更多的微生物多样性和丰富性，阿克曼菌属以及其他几个产生短链脂肪酸的菌群更加丰富，阿克曼菌属已经公认对肠道健康有益。这些微生物的变化还与全身免疫激活指标降低和肌酸激酶水平的升高有关。肌酸激酶是一种可以随肌肉活动量变化的酶。此外，运动员拥有更多产生乙酸、丁酸、丙酸以及氨基酸和碳水化合物代谢所需的肠道微生物基因。这些改变与强壮的身体和全身健康状态有关。然而，由于这项研究没有控制橄榄球运动员饮食中的蛋白质和热量这一事实，研究人员无法判断这种差异是否也受到运动员饮食的影响。

此后在健康人群中进行的一项纵向研究表明，在不改变饮食的情况下，耐力锻炼确实对肠道微生物组的构成和功能有影响。这项研究由伊利诺伊大学香槟分校运动机能学和社区卫生系的一个团队在杰弗里·伍兹博士的领导下完成。他们探讨了 6 周的耐力运动对消瘦和肥胖成年人肠道菌群组成和功能的影响[5]。研究人员收集了 18 名体形消瘦的受试者和 14 名肥胖受试者，他们都过着大部分时间久坐不动的生活方式。参与者参加了一项为期 6 周，每周 3 天的有监督的耐力锻炼计划，每天 30 分钟到 60 分钟，运动强度为中等强度至高强度。之后，受试者又恢复了原来久坐不动的生活方式继续了 6 周。研究人员在分别收集了在运动后的 6 周以及恢复生活方式之后的 6 周的粪便样本。该运动计划导致了身体组成成分的显著变化，瘦体重①增加，体脂相对比例降低。此外，这些变化与运动诱发的短链脂肪酸增加有关，而这些短链脂肪酸可以促进肠道的健康。这个有益的效果在多个层面的研究中已经得到了证实：能够产生短链脂肪酸的微生物（包括梭菌目、罗氏菌属、毛螺旋菌属和普拉梭菌属）的增加，和微生物产生短链脂肪酸相关的基因增加，以及通过代谢组学（一种量化微生物代谢产物的技术）评估的粪便短链脂肪酸浓度的增加。研究人员发现，肠道菌群多样性的变化在所有参与者中并不一致，这取决于参与者的身体质量指数。运动引起粪便中短链脂肪酸浓度的增加，主要在体形消瘦的参与者中观察到，在肥胖参与者中观察到的增加幅度较小。在肠道健康方面，体型苗条的受试者定期运动锻炼的受益最大。

一旦锻炼计划停止，这些改变在很大程度上就会发生反弹，这并不奇怪。作者得出的结论是，运动会导致人体肠道菌群的组成和功能发生变化，这与肥胖状态有关，与饮食无关，它取决于是否坚持有规律的锻炼。为了对肠道微生物组有益，运动锻炼必须定期进行。虽然这项研究并没有直接指出，但很有可能是剧烈运动引起的肠道菌群代谢产物的变化有助于增加幸福感，就是经常伴随运动出现的所谓"跑步者快感"。

与支持有规律的、适度的运动对健康有益相反，人们发现极限运动对肠道健康和整体健康都存在问题。我记得大卫，一个 37 岁的跑步运动员，在几年前来到了我的办公室，他的抱怨很能说明问题：在过去的两年里，每次跑完 20 英里（约为 32 千米）左右他就会反复出现腹泻。这使他参

---

① 瘦体重亦称去脂体重，指去除脂肪以外的身体其他成分的重量。——编者注

加每一场马拉松时都无法到达终点。大卫急于弄清楚到底是什么原因导致了这样一个令他不安的问题，以及怎样才能改变。最近他在一本跑步杂志上读到了一篇文章，认为反复出现的腹泻可能与肠道菌群失调有关。

碰巧的是，我最近被邀请在丹佛举行的美国运动医学院的年会上发言，在这个会议上我更多地了解到极限运动对肠道微生物组和肠道连接组的有害影响。我给大卫介绍了最近由 J. 菲利普·卡尔领导的一项研究结果，这项研究在位于马萨诸塞州纳蒂克的美国陆军环境医学研究所的军事营养部完成[6]。该团队目标是研究高强度耐力运动是否会对肠道菌群的组成和代谢活动产生负面影响，以及这些影响是否与肠道通透性改变（肠漏症）有关。在这项研究中，73 名士兵每天被提供 3 份口粮，在为期 4 天的越野滑雪行军中，他们可以选择摄入蛋白质或碳水化合物的营养补充剂。在剧烈运动前后分别测量肠道通透性、血液样本和粪便样本。虽然观察到的变化各不相同，但是肠道通透性平均增加了 60%，并且变化与系统免疫标记物的增加相关。运动引起的肠道菌群组成的改变，包括抗炎类菌属的减少，比如拟杆菌属、普拉梭菌属和罗氏菌属的减少，以及几种罕见并且有害菌群相对丰度的增加。可检测到粪便中几种微生物的代谢产物减少，其中包括精氨酸和半胱氨酸等氨基酸减少，这些变化都与肠道通透性增加有关。

"但是我以为锻炼应该对肠道有好处呢。"大卫说。我告诉他，原则上他是正确的，但我继续解释说，极限运动和健身房锻炼或日常慢跑这类适度运动是存在区别的[7]。大约 20% 到 50% 的极限运动员报告了胃肠道症状[8]，女性运动员更为常见，这些症状包括腹胀、痉挛、腹泻、胃灼热、恶心、呕吐和便血。

"总体而言，大多数运动员都没有出现这种不良症状，"我解释道，"长跑所带来的身体压力使你生病，而其他长跑运动员可能不会生病，原因可能与肠道对压力的适应力相关，而这种差异又与肠道菌群的不同有关。"

"但是肠道菌群怎么能知道我锻炼了多少呢？"大卫问道。

好问题。我自己也曾对此感到疑惑。身体是否存在一个专门的信号系统通知肠道中百万亿的微生物，我们是像电视迷一样泡在电视机前，还是像疯狂锻炼的人一样在过度运动呢？

我们所知道的是，体育锻炼会激活自主神经系统，这个系统向肠道发出的信号可以改变肠蠕动、肠内容物局部转运、肠壁液体和黏液的分泌，引起肠道血流变化、肠道通透性改变。这些影响改变了肠道微生物的栖息地，它们会在一定程度上进行调整。极限运动尽管会带来兴奋和成就感，但可能会造成一种不匹配，就如同现代日常挑战和古老的压力反应系统之间的不匹配一样。高强度耐力运动（比如超级马拉松、铁人三项或军事新兵训练营）对身体的需求会在大脑中敲响警钟，产生夸大的压力反应。在一些脆弱的个体中，这些增强的压力信号可能会导致肠漏症和免疫系统激活，并伴随着对身体和大脑产生的所有负面影响，以及造成肠道菌群丰度和习性的改变。

我给大卫的建议是改为支持肠道微生物组的饮食。他需要额外提供肠道菌群可利用碳水化合物①，以抵消极限运动所造成的产生短链脂肪酸的那一类菌群的减少，膳食纤维的主要成分就是这种碳水化合物。具体地说，我建议他少吃红肉，转而吃富含蛋白质、纤维和多酚的植物性食物，比如豆类、谷物与各种水果和蔬菜。

我告诉大卫，有规律的、适度的运动对肠道健康有好处，对肠道免疫系统也有抗炎作用。"规律"和"适度"这两个词在这里是关键：如果你的锻炼是零星的，那可能不值得付出努力，但是如果锻炼得太过用力，

---

① 肠道菌群可利用碳水化合物（microbiota-accessible carbohydrates, 简称 MACs）是近期出现的新概念，MACs 包含益生元，但是还有一些不是益生元的碳水化合物肠道菌群也能利用，比如本书后文会提到的乳酸。——译者注

肠道就容易受到这种身体压力的影响，就像大卫那样，可能会导致不利于健康的结果。与植物性饮食一样，这种类型的锻炼习惯对健康的益处在很大程度上是由于肠道菌群的增多导致的，菌群增多使得产生的短链脂肪酸增加，从而加强肠道壁的完整性，减少与肠道相关的免疫激活。

大卫的问题使我进一步研究应该吃什么、如何锻炼，以及两者如何相辅相成。对于肠道微生物组以及菌-体-脑之间相互的交流，饮食和运动的成果都会产生相似的积极适应，考虑到这一点，我很想知道，与流行的体育运动信条相反，在提高运动成绩方面，以植物性饮食为主是否有可能胜过高蛋白的动物性饮食。

2018 年的纪录片《素食者联盟》[①] 讲述了特种部队精英教练詹姆斯·威尔克斯的故事，他是混合武术比赛真人秀《终极格斗》的获胜者，他在全球范围内搜寻最好的提高运动成绩的饮食。在咨询了顶级运动员、特种部队士兵和有远见的科学家之后，威尔克斯最终得出了结论。传统根深蒂固的观念认为达成运动成就的关键是摄入大量的动物蛋白，而与此相反的是，威尔克斯的结论是以植物为基础的饮食不仅能提供相同数量的蛋白质，而且可能更有利于达成最佳的成绩。古罗马人并没有忽视这一点，他们给角斗士和士兵提供的大多是素食。在这部广受欢迎和极具影响力的电影中，尽管提供的大部分证据都是源于传闻而不是获得公认的科学，但是我认识的许多因此而改变了饮食习惯的运动员，他们中没有一位出现成绩下降。

科普作家、加州大学圣地亚哥分校美国肠道计划的前项目经理恩布里莱特·海德也是一名狂热的运动员，她创建了一项小型非对照的研究项目，更科学地证实了这个理论[9]。她决定评估几名优秀运动员的饮食习惯和肠道微生物组，希望查明肠道微生态系统在这些运动员特有的运动能

① 2018 年施瓦辛格主演的一部纪录片，英文片名是 "The Game Changers"，国内翻译为"素食者联盟"。——译者注

力中可能发挥的作用。

首先，她评估了一组极限运动员的粪便样本，包括攀登爱好者和登山运动员亚历克斯·霍诺德、艾米莉·哈林顿、阿德里安·巴林格，滑雪运动员科迪·汤森和冲浪运动员费加尔·史密斯。然后，将这些运动员肠菌的相对丰度与拥有 15 000 份粪便样本的数据库进行了比较，其中许多样本来自美国肠道计划。一些运动员主要采用植物性饮食，而其他运动员则吃不同数量的肉类。大多数人肠道中将纤维分解成短链脂肪酸的菌属相对丰度较高。亚历克斯·霍诺德是其中的佼佼者，他的样本中含有大量的普雷沃菌属，这反映出他采用以植物为主的饮食。难道是因为霍诺德肠道中菌群大规模生成的短链脂肪酸发挥了作用，帮助他以超人般的方式攀上陡峭岩壁的？就如同他在获奖纪录片《徒手攀岩》[①]中激动人心地创下攀登酋长岩（El Capitan）记录那样吗？新兴的科学研究表明，肠道菌群可能在为他提供帮助。

哈佛医学院遗传学系乔纳森·谢曼最近领导的一项研究为这个问题提供了部分答案[10]。通过对跑步者参加波士顿马拉松前后肠道微生物组对比的研究，这些研究人员发现与久坐不动的受试者对照组相比，部分运动员的韦荣氏球菌属有很高的丰度，并且这些运动员在跑步之后菌群丰度还有所提高。显然，这与大卫不同，这些跑步者明显更加适应耐力运动对肠道的影响。并非每个人都容易受到不利的影响，而且不同类型的运动对身体造成的作用并不相同。当研究人员从跑步者的粪便样本中分离出韦荣氏球菌株并将其引入小鼠肠道时，这项移植显著地增加了小鼠在跑步机上奔跑的时间，这表明在极端运动中韦荣氏球菌属的代谢物可能是运动成绩提高的原因之一。

---

① 纪录片《徒手攀岩》（Free Solo），2019 年 9 月 6 日在中国上映。该片记录了攀岩大师亚历克斯·霍诺德徒手无辅助登上美国约塞米蒂国家公园 3 000 英尺高酋长岩的全过程，共用时 3 小时 56 分钟。3 000 英尺是 914.4 米，大约 300 层楼高。——译者注

乳酸是一种当身体为获取能量由肌肉组织分解碳水化合物时产生的代谢物质，尤其是在剧烈运动期间。有事实证明，肠菌中的韦荣氏球菌属将乳酸作为唯一的能量来源。当研究人员对运动员中精英成员的肠菌基因组进行分析时，发现在乳酸代谢为短链脂肪酸中丙酸的过程中，主要途径里每个微生物基因的表达在运动后都表现出增强。这种丙酸被释放到肠道中，然后被吸收进入血液。

科学家还发现，血液中由运动产生的乳酸可以渗入肠腔中，并与包括韦荣氏球菌在内的某些微生物接触。当研究人员将运动员的有高含量短链脂肪酸的粪便移植到小鼠体内时，再次记录到小鼠更长的跑步时间。虽然还需要更多的研究来确定增加短链脂肪酸改善运动成绩的机制，但这可能是我们肌肉的额外能量来源。这些研究表明，一种特殊的肠道微生物菌株将运动产生的额外乳酸转化为新的能量来源，以此改善了小鼠的跑步成绩。通过他们有趣的研究，这些研究人员发现了肠道中一种与微生物相关的自然化学变化，它可以提高运动成绩。不仅在运动之后运动员体内的韦荣氏球菌变得更加丰富，而且这种微生物转化乳酸的途径也得到了丰富。

但"先有鸡还是先有蛋"的问题仍然存在：到底是马拉松运动员的肠道微生物组使运动成绩提高了，还是马拉松训练以有益的方式改变了肠道微生物组的构成呢？哈佛谢曼的研究团队提出，要么是运动产生的高乳酸为代谢乳酸的菌群创造了更多的环境优势（比如韦荣氏球菌），要么是增加了菌群新陈代谢的能力，或者两者兼而有之，从而提高了运动员的耐力。也许在一些运动员中，饮食以类似的方式影响着肠道微生物组。无论如何，似乎很明显，植物性饮食富含肠道菌群可利用碳水化合物，加上少量的易吸收糖，会使肠道菌群产生短链脂肪酸的产量增加，这不仅有助于肠道微生物的健康，而且对于体内韦荣氏球菌水平较高的人来说，在剧烈运动中可以产生额外的能量。这种植物性饮食可以帮助所有的锻炼爱好者和运动员。

饮食与情绪是如何影响肠道微生物的？

我们都面临着可能触发大脑应激反应系统的外部挑战，这可能会影响肠道及其微生物。我们也遇到过一些较小的障碍，这些小障碍不会使大多数人警觉，但是会让那些对"压力感知增强"的人做出"战斗或逃跑反应"，从而引发一系列更深层次的问题。研究一致表明，人们对健康的看法和感受会影响到人们的行为和结果。我们的思维定式是如此强大，以至于可以导致一系列后果，从对运动的影响到对压力和饮食的影响，再到对寿命的影响。

研究表明，实际上，那些认为衰老不可避免地会导致身体或精神退化的人比那些态度积极的人更容易早逝。一项调查发现，与研究中的其他分组相比，那些不认为压力有害的人死亡的可能性最小，甚至小于那些实际上几乎没有经受过压力的人[11]。斯坦福大学心理学助理教授、斯坦福身心实验室负责人阿莉娅·克拉姆博士领导的一项研究发现，在2008年金融危机最严重的时期，那些相信压力能增强自己工作能力的金融从业者，对生理需求的反应比那些认为压力会让人衰弱的同行更健康[12]。该研究小组还报告说，那些认为"工作是很好的锻炼"的酒店客房服务员，他们的体重和血压比不这么认为的那些服务员控制得更好。在这些情况下，大脑对环境的解释和员工对工作的态度对他们的幸福感比工作本身有着更大的影响。

同样，人们对吃某些食物的积极和消极看法也会影响对这些食物的反应。在这个被错误信息充斥的时代，通过社交媒体源源不断地推送，使虚假的"饮食科学"在网站上随处可见，人们对特定食物危险的看法可能会传播得越来越广。迈克尔·波伦在近20年前将这一迅速发展的趋势称为"国家性饮食紊乱"[13]。我们选择食物时的情感表现在一系列行为中。有些被认为是明显的精神疾病，比如健康食品痴迷症①（不切实际地痴迷于寻找完美健康食品）、厌食症、暴食症和食物相关性恐惧症。另一些则是在波伦的文章中引用的"典型美式"饮食潮流，包括脂肪恐惧症（害怕脂肪）、碳水化合物恐惧症（害怕碳水化合物）以及许多自我诊断但是未经证实的食物过敏。

　　所有这些问题，包括精神方面的问题，都有一个共同的显著风险因素，就是"特质焦虑"，即始终认为周围环境具有威胁性。这种"特质焦虑"在一个人的早年（通常指童年和青少年时期）就存在，并且增加了发展为其他精神障碍的风险。在那些对饮食产生神经症的人群中，这种不正常的潜在焦虑和高反应性会触发压力反应，还有肠道和微生物组的一系列问题。在波伦的文章中，提到了宾夕法尼亚大学的心理学家保罗·罗津与法国社会学家克劳德·菲施勒一起广泛地研究了跨文化对食物态度的差异。罗津和菲施勒认为，对饮食的扭曲思维模式和反射性焦虑是一个明显的美国特有的问题，特别是在社会经济阶层高的人群中更为突出。与其他文化中的放松、社交式用餐方式相比，这种放松的态度可能会在很大程度上有助于我们改变暴饮暴食与时尚节食的不健康饮食习惯[14]。罗津和菲施勒调查了 4 种人群，分别是美国人、法国人、比利时弗拉芒人②和日本人，其中美国人从饮食中获得的快感是最少的。这是因为在愉快的社交环境中与家人或朋友一起吃饭比在车里或电视机前吃饭会让人感觉更好。当我们在愉快的陪伴下享受美味食物的时候，大脑中的神经通路会给我们带来快乐，而不会有忧虑或内疚。

----

①　健康食品痴迷症（orthorexia）在 1997 年由美国医生史蒂文·布拉特曼提出，后被广泛运用。但是并没有被美国精神障碍诊断统计手册（DSM）等权威性文献列入正式的疾病目录中。——译者注

②　弗拉芒人（Flemish）居住在比利时北部的弗拉芒大区，说荷兰语的白种人。——译者注

跨文化饮食疗法

在我的临床实践中，见过许多有慢性消化系统症状的患者。我清楚地记得克里斯汀，一个 20 岁出头的年轻可爱的女子，她和她父亲一起来到我的办公室，治疗令她痛苦的腹胀和便秘症状。克里斯汀是一所常春藤大学的大四学生，主修商业和意大利语两个专业，她计划在秋季申请法学院。除了沉重的课业负担，克里斯汀还参加了大学游泳队。尽管在高中四年级时她曾一度出现过焦虑症状，但是直到大学一年级中期，也就是她在游泳队开始剧烈运动时，才出现消化系统症状。克里斯汀主要担心的是腹胀，这会让她的腹部看起来明显胀大，偶尔还会恶心。她对这种情况的发生感到很难为情，特别是在练习游泳和社交的时候。

在来我的办公室之前，克里斯汀已经见过几位医生和营养师，他们推荐了不同的治疗方法，其中包括无麸质饮食和低发酵性碳水化合物饮食（low-FODMAP diet），这两种饮食减少了豆类和豆类中有益的可发酵纤维，但因其减少了气体产生、缓解了腹胀和肠易激综合征症状而受到许多医生欢迎。可是对于克里斯汀来说，没有任何饮食能很好地缓解她的症状。

在我们聊天时，克里斯汀提到她最近去意大利佛罗伦萨留学了一个学期，刚刚回来。"我喜欢佛罗伦萨。那里可能是我大学生活中最美好的时光。令人惊讶的是，我在那里的时候，所有的消化问题几乎都消失了。起初，我不敢吃含麸质的食物，但是在意大利却不吃意大利面似乎太傻了，所以我屈服了，不仅吃了意大利面，还吃了面包、比萨、各种蔬菜，而且吃了以后没有一点儿腹胀。这真是太疯狂了。几个星期后，我完全不再害怕谷蛋白了！"

我告诉克里斯汀，她并不是第一个在旅行中出现消化道症状发生如此惊人变化的患者。"你回到美国后发生了什么事？"我问到。

"在回洛杉矶的飞机上，我就已经很担心了，"她坦言道，"我担心自己的症状可能会复发，不知什么原因，只有在意大利，我才能像那样神奇地吃东西而不会有任何影响。"在回家的飞机上，她吃了素食千层面，还有一个面包卷和一个小甜点。显然，千层面与她在佛罗伦萨几乎每天都享用的美味意大利面相去甚远，这种差异只会让她更加担心康复的情况太好，感觉这不像是真的。

看吧，在回来的几周后，她所有的旧症状又回来了，吃饭时又重复担心餐后会发生什么，开始出现强烈的焦虑感。吃什么似乎都让她感觉到会臃肿和膨胀。"看起来他们在意大利把你喂得很好呀！"有一天，游泳队里有人在训练中开玩笑，这句话不仅让克里斯汀感到羞辱，而且也证实了她担心的问题对于其他人来说也都是显而易见的。

我向克里斯汀解释了大脑对肠道及其微生物的强大影响。告诉她，即使在我们简短的交谈中，我都能清楚地感受到她承受着巨大压力，因为她不仅在学业上出类拔萃，还在身体的极限方面推动自己。相比之下，听起来她似乎在意大利享受了一种轻松得多的生活方式，有足够的空闲时间看书，或者在咖啡馆里和朋友一起喝卡布奇诺或吃冰激凌，这些都是她在家里不允许自己做的事情。优质的意大利食物可能对暂时的消化道健康起到了一定作用，但是她的慢性症状并不源于任何特定的食物，食物本身可能并非罪魁祸首。

我告诉克里斯汀，我怀疑是因为她的长期压力和对食物相关的恐惧，改变了脑-肠-微生物网络中的相互作用。我描述了关于极限体育运动及其对肠道负面影响的研究，特别是在与压力相结合的情况之下，我建议克里斯汀与我们的健康教练进行一次咨询，讨论短期认知行为疗法的可能性。希望这能帮助她减轻对食物相关的焦虑，减轻她给自己施加的压力。然后我建议她调整极限运动方案，这对于她来说，意味着只能在学校游泳，要放弃私人俱乐部的额外训练了。

对食物有关的体验很少是客观的。在克里斯汀的故事中尤其明显，当一个人长期痴迷于评估某些食物对健康的影响时，所涉及的那种情绪使吃饭成了一件苦差事，而不是乐趣。许多研究已经阐明，心理影响可能在克里斯汀的经历中发挥作用，表明完全相同的食物可以被体验为美味、充实和有益的，或者是平淡、简陋、令人厌恶的，这取决于人们在吃之前对该食物的看法。研究还表明，感知可以引导人们吃更健康的食物。2016 年，芝加哥大学布斯商学院的研究人员凯特琳·伍利和艾莱特·菲什巴赫发表了一项研究，参与者中被要求"选择你认为最美味、最喜欢吃的胡萝卜"的孩子比那些被鼓励"选择你认为最健康、吃了对身体更有好处的胡萝卜"的对照组吃得更多[15]。同样，在同一组的另一项研究中，当孩子们听了一个描述胡萝卜是多么美味的故事后，他们会选择吃更多的胡萝卜，而不是因为选择吃胡萝卜会达成某种具体目标。

斯坦福大学阿莉娅·克拉姆博士研究了人们对压力的态度是如何决定对压力的反应的，她还领导了一项规模最大、最全面的研究，评估了积极的饮食心态对选择和消费健康食品的影响。克拉姆博士的实验室与"改变菜单大学研究合作组织①"（MCURC）合作，进行了一项名为"美味的印象对健康饮食的支持"（DISH）的研究，这是在美国 5 所大学食堂进行的基本标签为青豆的随机对照干预研究。研究人员测试了与更注重健康的标签（比如清淡的低碳水化合物青豆）相比，更放纵、更注重味道的标签（比如甜滋滋的青豆和烤脆的香葱）是否会影响人们摄入蔬菜的数量[16]。在 185 天的时间里共涉及了 24 种蔬菜与 137 842 次用餐决定。结果显示，注重健康的标签与注重味道的标签相比，增加了约 33% 的蔬菜选择；与基本标签（青豆）相比，增加了 14% 的蔬菜

① 改变菜单大学研究合作组织（Menus of Change University Research Collaborative, MCURC）是由美国烹饪学院和斯坦福大学主办的科研合作组织。网址：www.moccollaborative.org——译者注

选择。

　　研究人员还证明了，正是对口感更高的期望让人们被更注重味道的标签所吸引。更注重味道的标签，其表现优于那些仅仅是正面的标签，以及那些带有花哨词汇甚至配料清单的标签。作者得出结论，通过强调味道、香味和质地来操纵人们对食物的态度，可以增加人们吃蔬菜的数量，即使蔬菜的竞争对象是那些虽然不那么健康但是更有吸引力的食物[17]。

　　我们已经知道，焦虑、抑郁和压力会扰乱脑-肠-微生物网络，增加肠道黏膜的通透性，并以各种方式改变微生物的组成和功能。尽管还没有研究表明心态对肠道微生物组的组成和功能有直接影响，但是我毫不怀疑，我们对食物的态度以及相关的压力和焦虑可能会对肠道产生重要影响，在肠道及其微生物组内创造出这种态度的镜像。

　　最终，我们的情绪影响我们吃什么，我们吃什么同样会影响我们的情绪。我们的饮食和心态对肠道微生物组产生重大影响。我们吃什么决定了哪些微生物将受益，并且这种代谢选择通过 BGM 网络在整个身体和大脑之间传递。与食物相关的恐惧和选择正确食物的压力（更不用说一般的压力和焦虑）可以通过自主神经系统向肠道微生物组发送信号，从而改变微生物组的组成和功能。除了许多的未知变化外，这些变化还包括乳酸菌属相对丰度的减少，以及微生物整体多样性的减少。

睡眠

　　尽管身体和心理健康与充足的睡眠之间存在着明确的相关性，但是作为一种文化，我们已经将睡眠不足作为现代生活中一种可接受的代价。据报道，从 73% 的高中生睡眠不足，到尽管工作时间不正常但是仍然必须保持清醒的轮班工人，再到会自豪地声称每晚只需要几个小时睡眠的奋斗者，我们的文化需要使人们重新建立对睡眠重要性的认识。2017

年，约 35% 的美国人报告称睡眠质量很差，尽管与糟糕的饮食和缺乏锻炼一样，睡眠质量差也会伴随更大的压力和易怒性，以及更高的患代谢综合征、心血管疾病、癌症和感染的风险。睡眠在调节免疫系统中起着至关重要的作用，并且有全身抗炎的作用。由于肠道包含人体约 70% 的免疫细胞，并通过神经和化学途径与大脑密切联系，因此人们预计 BGM 网络将在调节睡眠方面发挥重要作用。

事实上，睡眠对健康的肠道功能至关重要。当我们不在进食或消化食物时，肠道菌群被迫暂时转向消耗另一种能量源，就是那些构成肠道黏液层的复杂糖分子或多聚糖。虽然长期不健康饮食导致黏液层厚度的减少会导致"肠漏症"，但是在昼夜之间黏膜屏障的这种振荡也是肠道健康生理变化的一部分，其允许肠道菌群、肠道本身与其他器官之间产生间歇性的交流。

当我们处于休息状态时，肠道会从往返规律收缩的蠕动模式转换为周期性的高压推进模式，被称为移行性复合运动（MMC）。在此期间，起源于食道的一道高幅度的收缩波动，缓慢地向下移动至小肠末端，带走未消化的食物颗粒、肠液和数万亿肠道微生物，然后这些微生物被扫入大肠中。这种运动波在禁食状态下每 90 分钟重复一次，移行性复合运动有很多功能，其中之一就是在离胃最近的近端小肠中保持微生物的低密度，同时保持大肠中微生物的密度不变，防止小肠细菌过度生长。

早在公元前 350 年，亚里士多德就在他的《论睡眠与失眠》一书中指出，睡眠是在消化过程中，由胃部产生的影响而诱导的，也可以因为体温过高所致。尽管亚里士多德缺乏相关的科学知识，包括免疫系统、炎症、睡眠背后大脑的生理机制之间的复杂相互作用，但是他成功地描述了发烧患者的睡眠诱导反应，这是对睡眠与免疫相互作用的第一个在近代科学之前的描述。睡眠与免疫的相互作用是在日常生活和民间智慧中众所周知的现象。我们都经历过在令人精疲力竭的疾病后睡了一个好觉。毕竟，睡眠就是"最好的药"。

在二十世纪初，就有研究人员推测，在清醒状态下会积聚一种名为催眠毒素[①]的物质，可以诱导睡眠，然后在睡眠中被清除。后来人们发现，这种推测的诱导睡眠物质就是脂多糖（LPS），是细菌细胞壁的组成部分，并被认为起源于胃肠道，这种理论使得亚里士多德成为最早相信脑-肠-微生物网络的人。通过激活免疫系统并释放睡眠调节物质，包括激活被称为细胞因子的"免疫系统士兵"，这些肠菌的细胞壁成分在动物模型中被证明有助于慢波睡眠的动态平衡调节[18]，而慢波睡眠正是我们深度睡眠的形式[②]。

正如我在第 1 章中说明的那样，细胞因子和血液中脂多糖水平的增加不仅发生在感染期间，而且在代谢性内毒素血症中也可以观察到，代谢性内毒素血症是一种非传染性的低级免疫激活，是对不健康饮食和由此导致的肠道屏障功能受损做出的反应。随着我们深入了解肠道微生物组和肠道免疫系统之间的相互作用，以及这些系统之间循环发生的相互作用，已经有一个更完整的视角来认识睡眠不良、肠道微生物组、慢性疾病之间的关系了。

宾夕法尼亚大学佩雷尔曼医学院、宾夕法尼亚免疫学研究所的微生

---

① 催眠毒素理论，是 1910 年法国学者皮耶隆提出的。他做了一个实验，在 150~293 小时内禁止实验犬睡眠，然后取出犬的脑脊液，输入正常睡眠犬的第四脑室，这使原本清醒的犬睡了几个小时。皮耶隆由此推测，在清醒状态下会积累一种催眠的毒素，这种毒素之后在睡眠中被清除。这个实验现象后来被称为"皮耶隆现象"。——译者注

② 在睡眠期间，大脑会经历 5 个不同的阶段。
其中一个阶段是快速眼动睡眠（REM）阶段。其他 4 个阶段称为非快速眼动睡眠阶段。快速眼动睡眠阶段的特点是眼球快速运动，呼吸急促而不规律，心率和血压增加，大脑耗氧量增加，大脑活动类似于清醒时的活动，男性和女性都有性唤起。快速眼动睡眠阶段发生的改变可能是帕金森病最早期症状之一。
慢波睡眠是非快速眼动睡眠的最深阶段，以特定类型的脑电活动（δ 波）为特征。在慢波睡眠期间，可能会出现做梦和梦游，这个睡眠阶段被认为是巩固记忆的重要阶段。

物学助理教授克里斯托夫·泰依思，在特拉维夫魏兹曼研究所与埃兰·艾琳娜进行博士后研究期间发表的研究结果表明，人（或鼠）进食的时间与昼夜节律有关，在塑造肠道微生态和肠道健康方面发挥着关键作用 [19]。当食物的摄入是有节律的，也就是说当受试者的饮食符合其昼夜节律的时候（对人类来说，这意味着在白天进食，对小鼠来说，这意味着夜间进食），研究人员发现，在同一个体的肠道中生存的所有类型微生物，约有 15% 的数量在一天之中大量波动，而另外 85% 的微生物数量则保持相对稳定。就如之前第 3 章所讨论的，这些微生物群在白天和晚上的变化，类似于肝脏与肠道的振荡生物学机制，受大脑视交叉上核昼夜节律时钟的调节。这些变化伴随着肠道微生物组与肠道细胞基因表达模式的相互作用方式而改变，对于全身的新陈代谢过程能够适应昼夜周期方面，它们的这种改变发挥了关键的作用。

研究人员表明，打乱实验小鼠正常的昼夜节律，会导致肠道菌群的生态失调。为了确定睡眠觉醒周期是否同样影响人类肠道菌群，这些研究人员研究了在不同国家之间飞行时差为 8 至 10 小时的人。他们收集了两名愿意接受这种飞行引起时间平移状态的健康志愿者捐赠的粪便样本，并在他们开始旅行的前一天、着陆之后的第一天和恢复以后（着陆后两周）研究了他们的肠道菌群相对丰度。

正如研究人员所推测的那样，这两名旅行者的肠道菌群的群落表现出因时差而导致的组成变化，其中厚壁菌门的相对丰度增高，在多项针对人类的研究中，这表明患肥胖和代谢性疾病的风险更高。然而，当参与者从时差中恢复过来之后，这种转变很快就逆转了。为了确定这些肠道菌群的变化是否会增加代谢性疾病的易感性，研究人员随后将粪便样本转移到无菌小鼠体内。随后，这些小鼠体重增加，血糖水平升高，这是通过口服葡萄糖耐量试验检测到的，这项试验可以衡量生命体对糖摄入的反应，有时被用作 II 型糖尿病的筛查。将时差恢复之后的人类参与者粪便转移到实验小鼠体内后，这个代谢失调痊愈了。

　　鉴于这些发现，以及大量研究证明了睡眠不足对免疫系统的有害影响，包括一系列疾病的患病风险增加，很明显，对于 BGM 网络的正常运作和我们的长期健康来说，良好睡眠、锻炼身体、正确用餐、积极饮食都是一样的重要。关于肠道和人体生物钟之间深刻关系的最新研究，我将在下一章中进一步探讨，以说明用餐时间与所吃食物也是同样的重要。

第 7 章

我们到底该吃些什么？什么时候吃？

西式饮食的巨大转变，始于第二次世界大战后农业工业化的加速发展，全天候供应高动物脂肪、精制糖、空热量①的廉价超加工食品，再加上我们长期久坐不动的生活方式，这些因素在许多慢性疾病的进展中起着重要的作用。有项令人信服的研究特别将肠道疾病置于这场健康危机的中心。好消息是，我们可以通过调整饮食方式和就餐时间来扭转这种毁灭性的趋势。

即使对于我们当中非常注重健康的人来说，也需要有一种新的方式来看待我们的饮食，毕竟目前流行的饮食方式并未完全将新观念纳入其中。我们中的许多人仍然只是专注于食物中的宏量营养素和微量营养素，包括碳水化合物、蛋白质、脂肪、维生素和矿物质。我在工作中与病人打交道时也会遇到这种现象，当然在个人生活中也是如此。事实上，我发现自己经常与徒步旅行加跑步的伙伴里奇谈论营养问题。里奇在20多岁的时候，是美国奥运男子体操队的一员，他从小就是一名活跃的攀岩运动员。现在70岁出头的他仍然非常活跃，有着许多40多岁的年轻人都会羡慕的运动员身材。不久之前，他成了素食主义者。事实上，他是

① 空热量是指含有高热量，却只含有少量或缺乏基本维生素、矿物质和蛋白质。——编者注

在看了电影《游戏改变者》之后做出的这个决定。他告诉我，改为素食之后并没有对体力或运动能力造成任何负面影响。然而，作为一个转向植物性饮食的人，里奇如今在食物选择中主要的担忧是能否获得足够的蛋白质。

我经常告诉里奇，就与有类似担忧的患者一样，对于大多数人来说，即使是素食者，摄入充足的蛋白质也并不是问题。世界各地的人平均每日的蛋白质摄入量，比官方建议的摄入量高出约 30%。官方建议摄入量是每磅体重每日摄入 0.36 克蛋白质，或者 150 磅的人摄入大约两盎司[①]的纯蛋白质。这里要注意，各种蛋白质差异是很大的，没有哪种天然食物是纯蛋白质。事实上，北美和欧洲人的蛋白质摄入量大约是这个数字的两倍[1]。

建议的每日摄入量是基于"零氮平衡"的概念，即摄入蛋白质的含氮量，能够刚好弥补经尿液、皮肤、头发自然流失的含氮量。对于大多数生活在发达国家的人来说（其中也包括我的朋友里奇在内），没有必要担心蛋白质摄入量不足，也没有必要花钱购买高蛋白质能量棒、奶昔和营养膳食补充剂。不幸的是，在发展中国家的情况则截然不同，在那些国家，营养不良和蛋白质摄入不足是严重威胁健康的现实问题。

有趣的是，重要的不是蛋白质的总量而是蛋白质的来源。美国国家癌症研究所黄佳琦（音译）博士和迪米特里厄斯·阿尔巴纳博士最近领导的一项研究，对参与者进行了长达 16 年的跟踪调查。结果显示，与摄入动物来源的蛋白质相比，那些每天从植物来源摄入较高比例（平均每天 15 克）蛋白质的人死亡率较低[2]。这项研究包括 237 036 名男性和179 068 名女性，平均年龄为 62 岁。较高的植物蛋白摄入量与总死亡率的降低有关，摄入的每 1 000 卡路里的热量中，每增加 10 克植物蛋白的

---

① 1 盎司约为 28.35 克。——编者注

摄入量，总死亡率就会降低 12% 至 14%。这些有益影响在心血管疾病和中风死亡率方面都是显而易见的，并且与几个危险因素无关。用植物蛋白替代各种动物蛋白 3% 的能量，可以使两性的总死亡率降低 10%。在各种蛋白质来源中，用植物蛋白取代鸡蛋蛋白和红肉蛋白使死亡率下降最为显著，男性降低了 24%，女性降低了 21%。

但死亡率降低并不是我向里奇建议他应该重新调整饮食方向，把注意力从缺乏足够的蛋白质上转移出来的唯一原因。关于我们在进食时到底是在喂谁，一种革命性的新观点已经发展起来了。

想想你肠道中的微生物吧。虽然宏量营养素（脂肪、蛋白质、碳水化合物）和微量营养素（维生素和矿物质）都是必不可少的，但是在绝大多数健康人身上，这些营养素都能迅速有效地在小肠中被吸收。它们永远不会到达肠道下游，那个黑暗、无氧、肠道微生物所在的大肠中。从十二指肠到空肠再到回肠，虽然微生物在肠道中移动得越远数量就越多，但是大肠中微生物数量是最多的。

直到不久以前，大多数营养研究都集中于小肠的营养吸收，而大肠的肠道菌群在很大程度上被忽视了。这就是为什么直到最近才开始建议多吃含不易消化成分的低热量食物，比如其中存在纤维的大多数水果和蔬菜。这种纤维不能在小肠中被消化酶分解，因此无法被快速吸收，从而使得这些纤维能够一直到达大肠中微生物数量最稠密和种类最多的区域。这种菌群优先的新的饮食规划，不仅有益于肠道和微生物组的健康，而且正如网络科学告诉我们的那样，还支持包括大脑在内所有器官功能的健康。

从我们来到这个世界的那一刻起，饮食中不可吸收的这个部分就对我们的健康至关重要。许多专家建议新手妈妈喂养母乳，因为母乳中包含对婴儿有益的脂肪和热量，但实际上，母乳中不可吸收的成分才是对婴儿发育中的脑-肠-微生物网络最有利的部分[3]。某些被称为母乳低聚糖（HMO）的复杂碳水化合物，其分子结构太大，小肠无法吸收。婴儿甚至没有消化低聚糖所需的酶，因为这种酶只为在婴儿结肠中正在发育的肠道微生态系统提供支持[4]。在结肠中，对于协调健康肠道微生物组的聚集，母乳低聚糖发挥着关键作用。正如加州大学戴维斯分校已故的食品学家 J. 布鲁斯·杰曼曾经对迈克尔·波伦说过的那样："母乳告诉我们，当自然选择创造了一种食物的时候，它不仅关心喂养孩子，还关心孩子的肠道微生物[5]。"

什么是喂养肠道微生物的最佳饮食呢？在营养科学不断发展的同时，最近发表在《英国医学杂志》上的一项荟萃分析提供了有用的见解。研究者比较了 14 种流行的减肥和降低心血管风险的饮食方案，将这些方案分为 3 类：低脂（比如欧尼斯饮食）、低碳水化合物（阿特金斯饮食、迈阿密饮食、区域饮食法）、中等常量营养素（包括超级减肥王、珍妮·克雷格饮食法、慧优体① 方案和地中海饮食）。然后分别在 6 个月和 12 个月的时候检查了参与者的结果[6]。大多数饮食方案都能够实质性的改善心血管危险因素，特别是改善血压，以及 6 个月后能够适度地减轻体重。在 12 个月的随访时，除了地中海饮食之外，所有其他方案的影响都基本消失了。由于依从性的降低，大多数积极的饮食效果随着时间的推移而消退，但是地中海饮食的情况并不是这样。只有这种主要以植物为基础的饮食，既能满足人类需求，又能滋养我们体内的微生物，12 个月的时候，在减轻体重和改善心血管风险因素方面显示出统计学上的显著差异，包括降低低密度脂蛋白（LDL）胆固醇，这是一种"坏"胆固醇。

很明显，与其担心蛋白质、碳水化合物和脂肪，我们更应该关注肠道微生物组长期被忽视的营养需求。对于成年人来说，这意味着摄入不可吸收的膳食纤维、多酚类、植物源性抗炎成分，以及其他植物性饮食

---

① 慧优体（Weight Watchers），美国的一个减肥品牌。——译者注

所含的大分子。所有这些只能由生化机制在我们小肠末端，尤其是大肠中各种肠道微生物操作下代谢，被分解为较小的分子。这个过程产生了数十万种代谢产物，这些代谢产物对 BGM 网络的每个部分都有好处，并直接作用于肠道的神经细胞、免疫细胞和内分泌细胞，以及肠道和大脑之间的迷走神经通路。这些代谢产物可以局部作用于肠道，也可以被吸收，通过血液到达大脑和其他器官。这些代谢物中的许多种类已经被识别发现，并且正在进行密集的研究工作，目的是建立关于这些代谢产物分子的巨大生化信息数据库，希望能够确定肥胖症、抑郁症、阿尔茨海默病、帕金森病和其他疾病新的发病机理和治疗方法。

饮食与脑-肠-微生物网络的双重进化

正如我们当前的压力水平和压力类型已经使得我们古老的"战斗或逃跑"反应系统在过去的 75 年里变得不适应一样，BGM 网络的进化也出现了类似问题。饮食习惯和 BGM 网络是共同进化的。饮食的变化发生得足够慢，才足以让人类的消化道和大脑有充足的时间来调整其结构和功能。这些相互遗传适应的"足够时间"是 1 万年至 3 万年。这是在人类进化过程中缓慢而稳定发生的改变，从数百万年前最早期原始人的狩猎采集饮食，到数十万年前出现用火烹饪食物，再到 12 000 年前新石器时代的农业革命，让人类从觅食过渡到耕种。人类身体和细菌的进化或多或少地保持着同步，直到 19 世纪出现工业化，引入了第一波加工食品[7]。

至少 200 万年以前，非洲的早期原始人类就发展出了狩猎采集文化。与其不属于人类的灵长类近亲一样，这些早期祖先的大脑都很小，大脑所消耗的能量也很少，大肠里充满了数以万亿计的微生物，使得早期的人类能够分解和吸收大量原本无法消化的食物成分。其消化系统能够很好地适应环境，从植物纤维、其余的植物性食物和肉类中摄取能量。这些杂食性狩猎采集者也摄入大量的动物蛋白，他们亲自杀死动物，而不是拾取其他食肉动物捕猎剩下的肉。但是他们也吃各种草、块茎、水果、植物种子和坚果。根据对大约 80 万年前在以色列的一个人类聚居地的考察，发现了 55 种不同食用植物的残留物，以及饮食中包含鱼类的证据[8]。

在 80 万~30 万年前，人类开始烹饪食物。这导致饮食方式发生了一场巨大变革，墨尔本大学教授、肠道神经系统和肠道连接组的研究先驱约翰·弗内斯专门创造了"肉食性"（cucinivore）这个词，以将这个时代的新饮食习惯与以前的杂食性饮食区别开来[9]。仍然有一些属于新石器时代之前的狩猎采集社会存在于当今世界，包括南部非洲的萨恩族（以前称为布须曼人）、孟加拉湾安达曼群岛的森提奈人、东非的哈德萨人和奥里诺科河上游的亚诺玛米人。

烹饪不仅改变了饮食形式和风格，改变了人类的社会行为，将人们聚集在神奇的炉边，还给 BGM 轴的结构和功能带来了巨大变化。虽然"加工食品"被认为是"当代反派"，特别是那些含有乳化剂、果糖、人工甜味剂和添加谷蛋白的食品。但是"加工食品"这个词的原意实际上是指人类开始烹饪和储存食物的时期。最初的加工食品是人类最具革命性的发明之一。在此之前，狩猎采集者必须几乎不间断地进食，才能摄入足够的能量来维持日常活动。然而，随着烹饪的出现，人类能够更快地摄入更多能量了，因为食物现在更容易在小肠中被分解、消化和吸收。能量摄入的增加导致大脑进化得更快，而大肠却变小了，不再需要它发酵大量未经加工的食物并转化为可吸收的能量，它也不再是营养吸收过程中必不可少的器官了。

一旦人类能够加工和保存食物，许多主要营养的来源就变得更加容易获得了。最明显的例子是谷物，至少在一万年前，我们就开始种植谷物，这使得谷物成为一种常见的食物来源。

尽管至少在 45 000 年以前，人类就开始采集自然生长的古代谷物的前体①，但这并不是支持早期人类日益增长的热量需求切实可靠的食物来源，因为所有哺乳动物都缺乏分解未被加工的谷物淀粉所需的酶。许多人没有听说过单粒小麦、佩斯尔特小麦、布尔古尔小麦、法老小麦、二粒小麦、荞麦或东方小麦，而且人们很少吃小米或高粱制成的食品。与现代谷物相比，所有这些古老的谷物都含有分子更大、结构更复杂的糖分子（肠道菌群可利用碳水化合物，MACs），以及更少的易被小肠吸收的单一碳水化合物[10]。为了更长时间地储存食物，人类学会了控制发酵，这是一种无氧的加工程序。在发酵过程中，各种良性微生物在食物中繁殖，防止腐败细菌生长。这种早期的保存方法碰巧也有意想不到的健康益处，如增加了食物中的天然有益菌，当定期摄入足够的数量时，可以增加肠道菌群的多样性和丰富性。事实上，我们肠道菌群对自然发酵食品的适应性结果，为我们今天吃自然发酵食品提供了强有力的论据支持。

基于遗传基因决定的生理机能，大多数动物的饮食被限制在狭窄的范围之内。牛必须吃低蛋白的纤维植物；猫是专职的食肉动物，这意味着除了肉之外它们什么都不能消化（尽管猫确实会咀嚼草，可能只是作为肠道清洁剂或为了摄入叶酸）；而考拉只吃桉树叶。然而，人类可以摄入各种各样的食物作为能量来源。通过保存和烹饪来扩大我们的食物储备，不仅使我们摄入的食物更多样化，而且还更具消化灵活性。也许最重要的是，围坐在炉边做饭、吃饭和聊天的公共时间促进了社交、合作和大脑的进化——比如克里斯汀认为佛罗伦萨的肠道治愈餐是因为源于地中海饮食的益处，但实际是精神愉悦的效果（详见前文）。

---

① 前体是指尚未完全演化成现代人类所熟知的谷物。——编者注

然而，在过去的约 75 年时间里，我们开发了其他的加工方法，使超加工食品充斥着我们的饮食，食品中添加了前所未有的糖（包括新形式的糖，比如果葡糖浆）、防腐剂、人工香料、乳化剂、谷蛋白等。这些变化伴随着新的烹饪和保存方法，如热杀菌、微波、冷藏和辐射，所有这些都会影响与食品相关微生物的数量。

举个例子，想想古老的谷物，它们将有益的 MACs 带入我们的饮食中，这对肠道菌群来说是名副其实的盛宴。但是现在，就在以万年计的进化时代之后没几天，我们就开始对这些谷物进行基因选择和深度加工，使其在商业上得到广泛应用，但是却极大地减少了它们的多样性，同时去除了大部分难以消化的纤维，并且减少了微量营养素的含量。这些我们的祖先可能已经不认识的超加工谷物，如今估计占现代社会饮食摄入量的 70%。在今天美国人的平均饮食中，估计 78% 的食物能量摄入，大约每天 1 000 卡路里，来自中等加工或超加工食品，这些食物的植物物种越来越少。

我们饮食的这种突然变化，再加上 BGM 网络中逐渐发生的结构性变化（胃肠道特别是结肠的逐渐变短）造成了现在这种所吃的食物与身体做出的反应之间的破坏性的不匹配。如今，人类胃肠道的总体尺寸相对于自身体重的比例，大约只有其他哺乳动物的一半[11]。更重要的是，结肠仅占消化道总体积的 20%，而我们灵长类近亲的这个数字大约是 50%，这使得通过发酵植物纤维并将其转化为可吸收的短链脂肪酸，可以提取更高的能量[12]。事实上，今天人类的"后肠"[13]，就是小肠的末端和整个大肠，只占能量提取的 6% 到 9%，而其他哺乳动物，比如在马身上的这个比例高达 50%。

最终，这个变化导致了一个惊人的事实，就是人类结肠中数万亿的肠道微生物从食物中获取能量变得至关重要。这种转变使得近端小肠成为我们体内能量获取的主要场所，这对肠道微生态系统的构成和丰富性产生了重大影响，而这个生态系统迅速适应了饮食习惯的变化。我们肠道及其微生物组的变化显然是人类对烹饪发明的一种适应性的进化发展。随着超加工食品的引入，我们已经将这种适应性推向了极限，而现在正在为此付出代价。随着饮食结构的变化，我们已经到达了一个临界点：曾经对我们祖先有益的东西已经不再对我们有益了。

最近这种 BGM 网络动态的变化，就像是一座大型水坝所造成的与河流相关生态系统的改变。在建造胡佛大坝之前，从科罗拉多州的落基山脉到墨西哥西北部的三角洲，科罗拉多河的水、鱼、能源都由沿线的居民和企业共享。美国政府修建大坝是为了发电并向西部各州供电。然而，大坝使下游水的流量减少，降低了亚利桑那州、加利福尼亚州和墨西哥科罗拉多河谷的农业产量，使依赖这条河的村庄陷入了贫困。类似的，我们大部分超加工饮食都被小肠所吸收，而流向大肠"三角洲"的未消化食物成分已经无法养活足够多的微生物了。这使得整个生态系统都受到损害。肠道菌群被迫转向不同的大分子来源，如组成肠道黏液层的多糖分子，这造成了肠屏障的被侵蚀，导致整个 BGM 网络被破坏。

虽然早期食品加工的发现和由此导致的饮食选择逐渐变多，在人类的生物进化和文化发展中发挥了重要作用，但是农业工业化的加速，使得食品供应发生了前所未有的巨大变化，并且无意中导致了我们今天所处的医疗危机。我经常被问到的问题是，是否也有一张路线图来指引我们回到健康的道路。

到底该吃什么呢？

基于大量的科学研究和临床证据，我设计了一个健康的食物计划，提供了简单、直接的方法来选择吃什么，以恢复肠道平衡，实现整体健康。在这里和第 10 章中提出的建议是基于我所说的健康食品指数，这个指数是有利于微生物的食物在总饮食中的比例。在以植物为主的饮食中，我们吃的多酚类化合物、植物性纤维、植物营养素和复杂的抗炎分子越多，这些食物的能量密度就越低，健康食品指数就越高。方便的是，高指数食物饮食除了提供健康的植物性蛋白质、油和脂肪以外，还会顺带提供足够的维生素和其他微量营养素。

吃上 3 勺热巧克力圣代会将高达 750 卡路里的可直接吸收糖（45%）和脂肪（49%）输送到小肠，导致血糖水平上升，血液中的胰岛素剧增，而没有剩余物质提供给肠道菌群消化。然而，一份混合了豆子、坚果和鳄梨的沙拉（不含任何奶酪或高热量调料）将为小肠提供一些可吸收的营养素，比如维生素，但是绝大多数沙拉将被运送到小肠末端和大肠，在那里微生物组系统将其分解为可吸收的促进健康物质。因此，圣代的健康食品指数几乎为零，但是沙拉的健康食品指数就很高。只要我们专注于向微生物提供最佳的饮食，就等同于照顾我们自己并得到最好的健康。善待你的微生物，它们会回报你的。

膳食纤维

20 世纪 70 年代，那时我在医学院上学，在我们的课程中是这样介绍膳食纤维的，膳食纤维对消化系统疾病的主要益处是可以产生足够的饱腹感和保留肠道中的水分，从而能够更快地转运食物残渣，改善肠蠕动。在 20 世纪 60 年代至 70 年代，丹尼斯·伯基特博士和休·特罗韦尔博士记录了非洲人比西方人明显摄入了更多的膳食纤维的情况，非洲人每天摄入 60 克~140 克，而西方人约为 20 克，这项研究强化了那个时候我们的理解，认为纤维是缓解便秘的便捷方法[14]。研究人员报告称，非洲农村人排出粪便的量是西方人的 5 倍，肠道转运时间是西方人的两倍多，而膳食纤维的摄入量是西方人的 3 到 7 倍，所有这些摄入量都没有导致身体质量指数升高。在对高纤维饮食的健康益处缺乏良好生物学解释的情况下，研究人员指出，非洲人不患糖尿病、心脏病和结直肠癌等西方疾病。到今天就很明显了，纤维的好处远远不止是调节肠蠕动。与早期观念不同，"膳食纤维"不是一组同质的植物材料和分子物质，也不是所有的纤维都能被微生物发酵①。将这组针对肠道微生物的复杂分子称为 MACs 可能更加准确，读者应该还记得这就是古代谷物的有益成分。就如同老婆饼里面没有老婆一样，麦当劳的巨无霸汉堡（Big Mac）里也没有 MACs。MACs 是一种复杂的碳水化合物，存在于富含水果和蔬菜的食物中，也存在于肠道黏液层中。MACs 能够抵抗小肠第一部分消化酶的降解和吸收，因此能够成为肠道菌群的基本食物。

有趣的是，对于具体的个体来说，对某个人可以当作 MACs 的纤维，换到另一个人身上可能就不具备相同的功效了，因为这取决于每个人的肠道微生态系统或肠道菌群类型的组成。一个人的菌群可能具备一套分解特定纤维分子所需的酶，而另一个人的肠道菌群可能就缺乏这种特定的微生物菌株[15]。

同样，对我们史前祖先来说可能是 MACs 的东西，也可能不再适用于如今发达国家的人们，他们已经失去代谢这些纤维的微生物菌株了。例如，乳糖可以被全世界婴儿的小肠普遍代谢和吸收，但是在大多数成年人中变成了 MACs，随着时间的推移，他们自然会失去代谢它的能力。换句话说，"乳糖不耐症"现在被理解为一种常见的医学疾病，用于解

---

① 膳食纤维这个术语包括数百种不同类型的复杂糖样物质的分子。分为可溶型膳食纤维和不溶型膳食纤维两种类型。可溶性纤维，比如大蒜、洋葱、菊苣根、洋蓟和芦笋中的低聚果糖（FOS），这是一种较短的糖状分子，可溶于水，并被小肠末端和结肠前半段的微生物迅速代谢。不溶性纤维，比如羽衣甘蓝、球芽甘蓝、青豌豆和燕麦纤维等绿色蔬菜中的纤维素，这种纤维在结肠的后半部分被肠道微生物部分发酵，这里的肠道内容物的传输时间较长，而细菌密度要高得多。

释非特异性肠道症状，如腹胀和消化不良，实际上是一种自然的生理变化。有些人群，比如因纽特人和一些北欧人，就是这条规则的例外，由于他们总是在摄入大量牛奶，因此维持了乳糖酶的产量，以满足分解和吸收膳食中乳糖的需要。日本人肠道中有来自以红藻和海藻为食的海洋微生物，能够代谢特别的纤维，这使得他们成为唯一以海藻为 MACs 的民族[16]。

考虑到这种不可预测性，我给患者的建议是，想了解特定类型的纤维是否有益以及哪些纤维可能会导致不适时，就多吃各种各样的水果和蔬菜，就算不是所有的水果和蔬菜都能被体内的微生物有效代谢，但是其中的大部分还是能被代谢的。随着时间的推移，甚至有可能在大量不同膳食纤维的不同饮食中逐渐使肠道微生态系统中微生物菌株恢复和增加。未来，将会有另一种选择，就是对肠道微生物组进行基因检测，为每个人确定是哪些肠道微生物的代谢途径能够将 MACs 分解为有益的代谢物，而哪些食物成分却无法得到充分的处理。

尽管如今的肠道微生物从难消化的碳水化合物中获取能量的作用有所下降，但这对于整个系统的健康仍然是必不可少的。当肠道微生物迅速适应了我们现代的饮食习惯后，会在我们的免疫激活、新陈代谢和大脑功能中发出它们的信号。维持肠道菌群功能的大部分能量属于植物衍生的复杂分子，这些复杂分子由大量相互链接的单糖分子组成。这种能量的提取方式取决于复杂肠道微生态系统中复合微生物的共生相互作用。各种微生物，每一种都配备了一组专门的酶，这些酶总体被称为糖苷水解酶和多糖裂解酶，它们可以将糖分子之间的化学键分解成可利用的低聚糖或单糖。这些分解之后的糖随即就被其他微生物吸收了，并转化为人体可吸收的短链脂肪酸，如丁酸、醋酸和丙酸。就像在任何生态系统中一样，为了获得这些分子中的能量和碳代谢途径，微生物之间有着激烈的竞争。长期减少甚至中断获得能源的机会，将会导致某些菌株的逐渐衰落甚至灭绝——而这正是我们所处的情况。

2014 年发表在《细胞代谢》杂志上的文章中，埃里卡和贾斯廷·松嫩堡阐述了这个微生物食物网的功能和复杂性，它由数千种不同的微生物菌株协同作用，对得到的每一块食物进行处理并利用 [17]。将这个令人印象深刻的数字与人体自身肠道细胞所产生的少量纤维降解酶进行比较，这个时候完整的肠道微生物组对人类健康的重要性就变得显而易见了。请记住，数以百万计的微生物基因中包含着产生这些酶的生物模具，这些酶使微生物能够从原本是废物的东西中产生数千种有用的代谢产物。这个内部生态系统直到最近几十年才被人们所发现，但这可能才是我们饮食中最重要的部分！

幸运的是，从各种植物性食物中获得 MACs 的清单很长。为了从这些食物中提取尽可能多的促进健康物质，拥有一个高度多样化的肠道微生物组是很重要的 [18]。例如，吃洋蓟、甜菜、西兰花、小扁豆和洋葱会提供大量被称为低聚半乳糖（GOS）的 MACs。这样将能够增加双歧杆菌菌株的相对丰度。相比之下，如果经常食用腰果、白豆、燕麦和红薯，就会确保将抗性淀粉输送到肠道菌群中，这就需要更多的瘤胃球菌和拟杆菌代谢加工。芦笋、韭菜、香蕉、大蒜、菊苣和洋蓟都含有大量的果聚糖（由许多果糖分子组成的大分子，包括属于益生元的纤维菊粉和低聚果糖）。食用这些果蔬会利用拟杆菌和普拉梭菌的菌种和菌株来进行适当加工。如果你喜欢吃苹果、杏、樱桃、橙子和胡萝卜，就是在把果胶输送给肠道微生物，除了专门处理果聚糖的微生物外，优杆菌属的菌株也能够加工果胶。如果想要滋养和维持最多样化的肠道微生物组，包含来自上述所有微生物群中最多的菌株，就需要吃各种各样的植物性食物。

多酚

在富含水果和蔬菜的饮食中 MACs 并不是唯一促进肠道健康的元素。除了维生素和矿物质等微量营养素以及膳食纤维以外，还有各种大的植物分子，统称为多酚，其中包括一系列听起来名称具有异国情调的化合物，比如黄酮类化合物、花青素、尿石素和槲皮素。虽然结构不同，但是这类化合物都很难被小肠吸收，需要在肠道微生物的帮助下才能释放其促进健康的潜力。

多酚在很多方面都对肠道健康有益。其中一些作为益生元，也就是说可以作为肠道微生物的食物。还有一些多酚类物质可以在肠道中抑制那些对健康有害的微生物。多酚类化合物中的大多数被肠道菌群分解为代谢产物，它们要么有利于肠道连接组中的各种细胞，要么被吸收进入血液中，对包括大脑在内的多个器官有益。鉴于其惊人的数量以及繁多的种类，我将只关注其中几个必不可少的重点品种。

经常吃浆果、红葡萄、红苹果、李子、红卷心菜和饮用适量红酒的人，会摄入大量的花青素，这是属于类黄酮家族中的一类物质。花青素不仅有助于让这些食物更加美味，而且还使得这些食物有着鲜艳的红色、蓝色、紫色。花青素对健康的益处通常被错误地归因于抗氧化作用（稍后将对此进行详细介绍），可实际上，尽管它们在人体内的循环水平较低，但花青素和其他多酚类能够通过肠道微生物组发挥促进健康的作用[19]。当回肠造口术患者（在结肠手术切除后，通过在小肠末端创建的外部开口）吃覆盆子、蓝莓、越橘和葡萄时，所摄入的花青素很大一部分留在了回肠液中，这意味着花青素通过了小肠，但是并没有被小肠吸收。我们现在知道，大多数花青素原封不动地进入大肠，在那里被某些肠道微生物分解成更小的分子之后才被吸收。

由数千个不同分子组成的类黄酮大家族中还有儿茶素，是水果和浆果中存在的一类酚类化合物，在可可、绿茶和少数几种红茶、洋葱中含量更高。异黄酮是属于另一类黄酮类化合物，仅在豆类（比如大豆）中含量较高，而橙子、柠檬和其他柑橘类水果中所含的则是不同种类的黄酮类化合物。这些分子是如此多种多样，以至于在一项对西班牙柑橘类（比如甜橙、橘子、柠檬和葡萄柚）果汁的调查中，发现了 58 种黄酮类化合物和相关的酚类化合物。

最近对花青素和黄烷酮的研究，揭示了两者通过胃肠道时发生的复杂变化。只有微量的花青素在小肠中被吸收，摄入的大部分花青素到达了大肠，在那里被肠道菌群处理。这个过程产生了一系列小分子物质，可以作用于肠道中的目标，同时也被吸收到循环中到达全身器官[20]。最近的研究表明，在循环中，花青素和黄烷酮的代谢产物比之前想象的要丰富得多[21]。这些最新的发现不仅表明了从结肠产生的酚类产物的重要性，而且也驳斥了许多膳食补充剂生产商的错误说法，如多酚主要是抗氧化剂，这些酚类产物很容易在小肠中吸收，并且到达身体的目标部位。

在我演讲和办讲座时发现，总是有观众会问："当你在说多酚的时候，是在说抗氧化剂吗？"毫无疑问的是，如今"抗氧化剂"这个术语被营养师和饮食专家使用得过于宽泛了，这种现象在普通大众中造成了严重的认知混乱。服用膳食抗氧化剂背后含有的流行观点是，抗氧化剂能够以某种方式保护脂质、蛋白质和 DNA，免于遭受氧化损伤。

"但是，实际上，人体完全有能力保持其氧化还原状态的平衡，也就是氧化剂和抗氧化剂之间的平衡，而且现在人们普遍认为，饮食摄入的抗氧化剂只是人体重要的氧化还原调节系统的一小部分，"我的朋友达尼埃尔·德尔·里奥解释道，他是意大利帕尔马大学食品与营养高级研究学院的副教授兼负责人，也是英国剑桥大学全球营养与健康中心营养教育与创新计划科学的主任，"所以不要浪费你的钱去购买抗氧化剂药丸了！虽然多酚是'化学'抗氧化剂，但是由于其酚类结构，对我们健康的作用现在被认为与各种不同的机制有关，而与它们的抗氧化特性完全没有关系。"

尽管发现了多酚在我们肠道中运转的这些新细节，但是旧的抗氧化概念仍然根深蒂固。事实上，正如德尔·里奥告诉我的那样："与多酚相比，还有其他物质在摄入后具有真正的抗氧化活性，包括维生素生育酚（维生素 E）、类胡萝卜素（使蔬菜和水果呈现黄色、橙色和红色）和抗坏血酸（维生素 C），它们在小肠上半部分能更有效地被吸收。"

然而，越来越明显的是，水果、蔬菜及其衍生物的营养价值和健康益处至关重要，包括 MACs 和黄酮类、酚酸、单宁等多酚类化合物。据估计 2013 年全世界有 780 万人过早死亡，原因是每天水果和蔬菜摄入量低于 800 克[22]。为了将推荐的每日摄入量形象化，想象一份包含菠菜（1.8 盎司）、西兰花和花椰菜（各 3 盎司）、蘑菇（3.5 盎司）、甘薯（8 盎司）、蓝莓和草莓（各 3 盎司）的拼盘，再加上半个橙子（3 盎司）。

有趣的是，由于饮食模式和评估方法的不同，黄酮类化合物的摄入量因国家或地区的不同而存在很大差异。在美国和欧洲，膳食多酚的主要来源是咖啡、茶和水果。全世界每人每天平均摄入的黄酮类化合物在 250 毫克至 1 500 毫克之间，其中绿茶和红茶也有一定的贡献。也许不那么令人惊讶的是，美国人的总黄酮平均摄入量是西方世界中最低的，每天从 250 毫克至 400 毫克不等。茶是美国人黄酮类化合物的主要来源，就好像我们需要更多的证据来证明美国人的饮食单一和农产品的摄入量低。

摄入量最高的是伊朗（每天 1 650 毫克），其次是英国（超过 1 000 毫克），最后是巴西和墨西哥（不到 150 毫克）。总黄酮摄入量高的人群是那些喝茶的人，尤其是喝红茶。在欧洲，通常会观察到从南到北的梯度增加。尽管地中海国家的水果、蔬菜、橄榄油和红酒摄入量很高，但这些国家的总黄酮摄入量低于非地中海国家，这是因为非地中海国家的茶叶消费量高得多。在许多方面，美国排在榜单的最后并不奇怪，这一记录反映了美国最低的纤维消耗量。作为一种文化，美国人通常习惯于服用膳食补充剂、药物或医疗制药工业集团的其他产品，而不是利用肠道微生物自然的治疗能力。

尽管如此，还是有不同方法可以选择，因为除了已经提到的食物之外，还有几种常见的食物含有大量多酚，比如绿茶和红酒，还有某些香料也是同样，比如丁香、肉桂、姜黄、黑胡椒、牛至。

绿茶

人类喝茶的历史已经有几千年了，最早的直接证据是汉景帝陵墓中出土的茶叶，可追溯到公元前二世纪的中国。喝茶不仅是一种令人愉快的社交活动，具有放松和提神的效果，而且还对健康有许多益处，如缓解抑郁症[23]。红茶和绿茶均来自茶树属植物的叶子，但是红茶的生产工艺涉及茶叶的充分氧化，而绿茶则大部分未被氧化。虽然这两种茶都含有丰富的黄酮类化合物，但是所含多酚的种类和含量各不相同。绿茶含有更多的 EGCG（表没食子儿茶素没食子酸酯），而红茶含有丰富的茶黄素和茶红素。

许多细胞和动物研究得出的结论是，除了抗炎和抗氧化作用之外，绿茶可以预防心血管疾病[24]，还可能具有神经保护的作用[25]。尽管此类说法从未在精心设计的临床人体试验中得到证实，但是最近的一项观察性研究收集了参与"中国人纵向健康长寿调查"的 13 000 人的数据，该调查提供了 2005 年至 2014 年间中国 22 个省份 65 岁及以上老年人的健康和生活质量的信息[26]。这项分析表明，持续和经常饮用绿茶与抑郁症状显著减少有关，尤其是男性。

绿茶所含的 3 种特征明确的成分，可能是绿茶能够促进健康的原因。

儿茶素类，主要是上文提到过的多酚类化合物（表没食子儿茶素没食子酸酯，EGCG），约占绿茶干重的 42%；茶氨酸，占 3%；咖啡因，约占 5%。这 3 种化合物无论是单独使用还是组合使用，都已经被证明可以使人感到更加镇静和清醒，并且能够提高记忆力。此外，EGCG 和茶氨酸已被证明能够镇静大脑的应激反应系统，降低皮质醇水平。它们还可能在预防老年人的神经炎症和认知能力下降方面发挥重要作用[27]。

EGCG 是一种很有趣的化合物。与大多数多酚一样，它的分子太大，无法在小肠中被有效吸收。当未被吸收的 EGCG 分子到达小肠远端（回肠）和大肠时，它们能够促进肠道有益菌的增殖，从而抑制有害微生物的相对丰度，增加肠道菌群的多样性[28]。此外，细菌将多酚代谢成更小的分子，可以被小肠远端和大肠吸收。这些茶的不同代谢产物被认为对身体和大脑的健康有益。

红酒

尽管有充分的证据表明，经常饮酒对健康的影响是负面的，但是流行病学研究中有大量的证据表明，适度饮酒对多种慢性疾病具有保护作用，包括心血管和代谢疾病以及神经退行性疾病。

在观察性研究中，很难将饮酒带来的放松效应与饮酒时通常伴随的社交互动带来的健康影响区分开来。然而，尽管缺乏对照干预研究，研究人员大多将葡萄酒（尤其是红酒）的健康益处归因于其多酚成分。尽管差异很大，但据估计，白葡萄酒中的多酚含量约为每升 150 毫克至 400 毫克，而新鲜的红葡萄酒中多酚含量约为 900 毫克至 1 400 毫克。换句话说，一品脱①红酒本身就可以满足你每日所需的大部分多酚了[29]。

———————————

① 美制 1 品脱约 473 毫升。——译者注

红葡萄酒具有独特的多酚类物质组合，其中黄酮类化合物是主要的分子，如儿茶素、表儿茶素、单宁、花青素和黄酮醇，此外还有二苯乙烯类化合物（如白藜芦醇）和尿石素等非黄酮类化合物。酒精和糖分子在小肠中被完全和迅速地吸收，这通常会增加不需要的额外热量，与之相反，多酚针对的是远端小肠和结肠的微生物群。最近一项对 2006 年至 2018 年间发表的临床试验的回顾研究了红酒和白葡萄酒的多酚对肠道菌群的影响。综述中的几项研究报告了粪便、尿液、血浆和回肠液中肠道微生物代谢产物的水平增加，证实了肠道细菌对红酒多酚的调节。此外，大量研究表明，葡萄酒多酚类似于绿茶，它可以增加有益细菌的数量，同时抑制致病菌的生长 [30]。然而，就像膳食纤维一样，这些物质的新陈代谢、吸收和循环在不同的个体之间存在差异，这取决于每个人体内的肠道微生物组。

伦敦国王学院的蒂姆·斯佩克特教授和他的研究小组发表了一项研究，进一步揭示了这个联系。通过分析 3 组不同的红酒饮用者数据，他们证明了红酒与肠道菌群多样性增加有关，即使是那些每两周只喝一次红酒的人也是如此 [31]。然而，在白葡萄酒饮用者的肠道微生物组中，这种益处的关联性较弱。

对于我们这些根本不想喝酒的人来说，还有什么样的替代选择呢？伦敦国王学院的这项研究报告称，正如之前的一项研究所显示的那样，相比于饮用红酒的大鼠，用黑树莓①喂养的大鼠肠道中属于拟杆菌门的巴恩斯氏菌（Barnesiella）的相对丰度要高出一倍。此外，之前有研究表明，覆盆子的多酚含量是红葡萄酒的 4 倍。

---

① 黑树莓（black raspberry）是旧称，根据 2008 年科学出版社出版的《植物学》（贺学礼编著），其正式学名是“喜阴悬钩子”（Rubus mesogaeus Focke）。但是在涉及多酚的很多论文中，还是习惯性使用“黑树莓多酚”这个关键词。——译者注

香料

　　长期以来，香料一直被用来为世界各地的菜肴增添独特的风味和色彩。事实上，对于大多数印度菜和亚洲其他菜肴来说，如果没有其特有的香料是不可想象的。除了香料在食品调味中不可或缺的作用之外，生姜、姜黄、小茴香、芥末、孜然和豆蔻等香料（都属于伞形科植物）长期以来一直被用于亚洲传统医学的治疗中。例如，姜黄不仅提供了咖喱独特的颜色和味道，而且在印度传统医学中也被认为是一种有效的治疗方法，用于治疗一系列看起来不相关的症状和疾病，包括哮喘、过敏、咳嗽、厌食症和肝病。同样，在 2 000 多年前从印度出口到罗马帝国的生姜被用于治疗多种疾病，比如感冒、恶心、关节炎、偏头痛和高血压等。据说，印度人和中国人使用生姜作为滋补品已经有 5 000 多年的历史了。事实上，在中世纪的欧洲，生姜被认为具有极高的药用价值，以至于一磅生姜的价格与一只羊相当！

　　通过天然药物和辅助性医学[①]，以及大量的相关研究，再次引发人们对这些亚洲草药的喜爱，它们可以作为潜在的"抗氧化剂"应用于癌症、炎症性疾病、抑郁症、长期恶心等方面的治疗中。有趣的是，这些疾病中的许多都是构成当今公共健康危机疾病网络的一部分，并与免疫系统的慢性激活有关。遗憾的是，这项研究的绝大部分都是在试管中或培养细胞中完成的。此外，这些化合物中的大多数和其他多酚一样，在当作膳食补充剂或药丸服用时，其成分不容易在体内循环[32]。相反，当通过食物摄入时，鉴于植物中多酚成分的组合性质，这些复杂分子在肠道菌群的帮助下对我们的身体和大脑产生了有益影响。这些香料来自相关植物的叶、根、种子和果实，含有数百种有关的物质。例如，罗勒叶中含

---

① 辅助性医学是属于西方国家通常采用的科学疗法，如针灸。——编者注

有的多酚类化合物，如儿茶素、槲皮素、山柰酚、花青素和单宁等。其他多酚类化合物含量较高的香料有丁香、桂皮、豆蔻、香菜、藏红花、葛缕子、黑胡椒、牛至和迷迭香。

橄榄油

特级初榨橄榄油（EVOO）的健康益处已从临床前研究和临床研究中得到报道，并适用于各种代谢紊乱和心血管疾病。特级初榨橄榄油是地中海饮食中促进健康的关键成分之一，其中至少有两种主要成分对健康有益：高浓度的单不饱和脂肪酸（主要是油酸）和高含量的多酚类化合物（主要是橄榄苦苷和羟基酪醇）。

多酚类物质在肠道微生物组的帮助下发挥其对健康的益处[33]。研究表明，油酸可能也是如此。油酸是橄榄油中的主要脂肪酸，占其总油含量的 73%，而油酸的 11% 是多不饱和脂肪酸，如 ω-6 和 ω-3 脂肪酸。单不饱和脂肪酸（MUFA）非常耐高温，这使得特级初榨橄榄油成为健康的烹饪选择。传统观念中，高含量的单不饱和脂肪酸被认为是特级初榨橄榄油具有保护作用的原因，但是目前的证据表明，特级初榨橄榄油的健康益处很大程度上与其中的多酚和属于维生素的抗氧化剂（维生素 A 和维生素 E）有关。在不同的橄榄中发现了多达 30 种不同的多酚类分子。此外，特级初榨橄榄油中的酚类含量从每公斤 50 毫克到 800 毫克不等，其中多酚的含量取决于橄榄种植的地区、相应的气候差异、收获时的成熟度和提炼橄榄油的工艺流程。此外，橄榄油中的酚类成分在不同类型的橄榄中差异很大。因此，应该买哪一种橄榄油才能在风味和多酚两方面兼得呢？要搞清楚这个问题是一项挑战。

几年前，在意大利风景如画的亚得里亚海沿岸，我拜访了我的朋友马尔科·卡瓦列里，在他那里我对橄榄油有了更多的了解。卡瓦列里是意大利费尔莫市法芬西科尔蒂酒庄的老板。除了生产葡萄酒，马尔科还用一颗 800 年树龄的油橄榄树的果实来制作特级初榨橄榄油，其中使用了各种各样的油橄榄，包括萨尔加诺（Sargano）、卡本塞拉（Carboncella）、阿斯科拉纳（Ascolana）、科拉蒂纳（Coratina）、弗朗托奥（Frantoio）和莫拉伊洛（Moraiolo）等品种。（一棵橄榄树的树龄有 800 年听起来可能很长，但在制造橄榄油的历史中，这实际上很短。6 000 多年前，橄榄树开始在地中海东南部盆地生长，橄榄油是整个地中海地区的古希腊人、罗马人、波斯人和腓尼基人的主要贸易项目。）这些橄榄品种含有多酚类橄榄苦苷、去羟甲基橄榄苦甙和槲皮素，平均多酚含量约为每公斤 800 毫克。

除了从古树上收获橄榄之外，马尔科还使用了几种方法来尽可能保持产品中的高多酚含量。在橄榄尚未完全成熟时收获，这时其多酚含量是最高的。收获的橄榄储存在密封的钢质容器内，保护它们避免氧化以及被光线影响。这些将被榨成油的橄榄果实在收获之后的几个小时被送到当地工厂，进行冷压。新鲜的橄榄油具有一种独特的辛辣香味和口感，最初品尝是一种灼热的感觉。除了风味和健康益处之外，与其他食用油相比，多酚类化合物还能使橄榄油具备出色的氧化稳定性。

在寻求地中海饮食对健康益处的时候，我清楚地意识到，特级初榨橄榄油的高多酚含量使其成为一种自然产生的天然药物，并通过人类的专业知识和传统进行了提炼。与任何药物一样，活性成分的精确含量和加工质量对其有效性起着重要作用。因此，不要被许多昂贵的，作为 EVOO 销售的，具有深色外观的橄榄油所误导，值得研究的是其收获和加工的地点和方式，以及多酚的平均含量。这可能需要进行一些调查，因为大多数生产商不会在其标签上写有多酚含量。鉴于追踪多酚含量的难度，消费者判断的最佳方法是品尝，辛辣的味道通常是多酚含量高的标志。

ω-3 脂肪酸

研究表明，两种主要的 ω-3 多不饱和脂肪酸（PUFA），即二十碳五烯酸（EPA）和二十二碳六烯酸（DHA），对健康有许多好处，包括预防心脏病和癌症，以及作为类风湿关节炎、抑郁症和认知能力下降的辅助治疗[34]。虽然这些健康脂肪酸大部分都被小肠吸收了，但有证据表明它们可能会有少量进入大肠，从而增加了大肠的肠道菌群的多样性并且改变了相对丰度。

多不饱和脂肪酸含量最高的食物包括野生三文鱼和小型鱼类（比如鲭鱼、鲱鱼、沙丁鱼和凤尾鱼等）、亚麻籽、奇亚籽 ① 和核桃，以及其他一些食物（包括大豆、牡蛎和鳕鱼肝）。多不饱和脂肪酸还在未驯养动物（如鹿或野牛）的脂肪中占据很高比例。与传统的农场饲养动物相比，草饲的奶牛中 ω-3 多不饱和脂肪酸（PUFA）的相对含量更高。尽管 ω-3 多不饱和脂肪酸（PUFA）在这些食品中的浓度如此之高，但它们也被广泛用于营养补充剂，如鱼油和浓缩的"营养食品"，就是那些保证具有生理益处的药物替代品。然而，就如同其他膳食补充剂一样，ω-3 多不饱和脂肪酸的药丸的临床对照研究通常并没有显示出明确的健康益处。

什么时候吃？

从我们祖先的饮食方式中还可以寻找到其他有用的指导。例如，早期的人类并不存在有规律的、定时的三餐，更不用说白天或晚上的任何时间都可以吃到零食了。他们也没有过这种久坐不动的生活，也没有送食物的快递。外卖和送货是方便和安全的，在新冠时期来说甚至是完美

---

① 奇亚籽（chia seed）学名芡欧鼠尾草，属唇形科，一年生夏季草本植物。奇亚籽指的是这种植物的种子，富含 ω-3 脂肪酸和天然抗氧化剂。——译者注

的，但是这也让我们失去了用体力来获得食物的最后一个理由。

在新石器时代，人类一天的大部分时间都花在打猎、钓鱼和觅食上。用餐时间被分成不同的时间段，经常不吃任何食物就进行大量的体力活动。20世纪70年代初，在一次拍摄纪录片的探险中，我在亚马逊雨林的一个亚诺玛米村生活了几个星期，对这种生活节奏有了直观的感受。在这里全天都充满了各种各样的活动。村民们忙于寻找食物，几乎没有时间吃饭！村里的妇女常常带着婴儿，一大早就离开了村庄，直到傍晚才带着收集的块茎、水果和浆果回来。这些人还进行着为期一天的探险，在森林中奔跑追逐猎物，或者熟练地操纵独木舟穿越奥里诺科河上游的急流。他们都会在傍晚重新聚在一起吃晚饭，日落时睡觉，然后日出时醒来，重新开始日常活动。本质上，他们是在实践一种限时进食的饮食方式，当他们外出或者睡觉时，可以长达10到12个小时不吃东西。

基于大量的临床前科学研究，现在已经了解到，定期保持胃肠道的空腹状态会引起持久的适应性反应，能够增强脑-体网络对一些慢性疾病和过早死亡的抵抗力。事实上，最近有一种流行风尚是"间歇性禁食"，这个综合术语已经包含有鼓励减少能量摄入以及定期禁食的饮食方式。从理论上讲，这类饮食方式很好地利用了禁食的方法，这是我们的祖先迫于生存需要而做过的事情[35]。

禁食不一定非要完全不吃食物，而只是需要减少每天的食物摄入量，这会在身体的器官内部以及器官之间激发适应性细胞反应，改善与代谢性疾病和衰老相关的信号通路。禁食促使身体保持对胰岛素的敏感性和对全身免疫激活的抑制，以维持体内利用葡萄糖的代谢途径。禁食后体内产生酮体。在快速运动、限制碳水化合物饮食、饥饿、长时间的高强度活动中，当缺乏葡萄糖时，细胞被迫转换代谢路径，将其主要燃料来源从葡萄糖转换成酮体。这些酮体是由肝脏消耗体内脂肪中的脂肪酸产生，并且作为替代能源分布到包括大脑的全身组织中。一旦这些酮体到达目标，就会在细胞的线粒体中被氧化成能量。同时，细胞激活了增强机体抵抗氧化和代谢应激的防御机制的通路，以及激活了清除或修复受损分子的通路。然而，酮体不仅仅是用于禁食期间的燃料。它们也是对细胞和器官功能产生影响的有效信号分子。有人认为，禁食期间被激活的高度协调系统与细胞反应是可以持续下去的，甚至在再次开始进食以后，也能够继续使精神和身体这两方面得到改善，提高疾病抵抗力。

不幸的是，如今许多利用生酮的"间歇性禁食"的饮食方式，需要更多的小心警惕与坚持，而我们中的大多数人在日常生活中不能也不愿意这样做。这类流行的饮食方案包括"5：2 饮食"，就是一周中有两天，将食物摄入量限制在总需求热量的 25%，并且进行禁食模拟饮食（FMD）。这是一种高脂肪、低卡路里的饮食方式，有助于保持生理上的禁食状态，而又不必真正地禁食[36]。你可能还记得第 5 章中提到的另一种生酮饮食，它通过大幅减少碳水化合物的摄入量来诱导酮症，一般是用动物脂肪和红肉来替代碳水化合物。正如在前文提到的，我不支持常规的生酮饮食，只有极少数例外（如用于治疗难治性癫痫），原因很简单，因为这与我们肠道微生物组的健康需求完全背道而驰。

从个人经验来看，我已经见到许多患者和熟人中途放弃了这种禁食的饮食方式，经研究证实，依从性是一个障碍。对这些饮食进行的少量临床试验中，有 25% 至 40% 退出的受试者提到的最常见的放弃原因就是缺乏继续禁食的动力。这也可能导致"溜溜球效应"，就是任何朝着正常体重和改善新陈代谢健康的积极进展，都会随着复发而被逆转，有的时候情况会比禁食开始时更糟。

此外，尽管对小鼠的临床前研究一直表明，"间歇性禁食"对包括肥胖、糖尿病、心血管疾病、癌症、神经退行性脑部疾病和长寿在内的一系列问题都存在有益的影响，但是对人类的临床研究却并不总是能够显示出同样令人印象深刻的结果。许多这类研究都表明，这种间歇性禁食与标准低热量饮食的减肥效果相当，这是代谢系统恢复能力的一个显著例证。例如，格拉斯哥大学医学院的利安娜·哈里斯博士领导的一项2018 年的荟萃分析发现，与传统低热量饮食相比，间歇性热量限制在控制体重和脂肪方面没有显著的差异 [37]。其他研究比较了几种基于间歇性热量限制的饮食方式，证明它们并不会对人类患者的代谢和心血管风险长期产生有益影响。

限时进食：聚焦于肠道微生物组

幸运的是，限时进食（通常被错误地称为间歇性禁食）不仅让我们回到了祖先的健康习惯，而且也是一个更加可行的选择，因为这种饮食习惯不需要减少每天的总热量，仅仅是简单地压缩了我们每天吃饭的时间。这种饮食习惯还考虑了我们的昼夜节律对肠道微生物组的影响。

就在几年前，肠道微生物组还被认为是一个静态的微生物群落，一旦在生命早期被安排好了，直到宿主死亡几乎都保持不变。而研究表明，肠道微生物组实际上是高度动态的，具有日常律动和季节性的规律变化 [38]。在小鼠体内，肠道菌群、免疫系统和肝脏之间的相互作用在 24 小时内表现出显著的差异。微生物和肠道之间的交流在吃饭时发生得更加频繁，对免疫系统的基因表达以及肠道、肝脏和大脑中的细胞产生了深远的影响。这些发现有力地证明我们的进餐时间可以对肠道微生物组和整体健康产生深远的影响。

事实上，加利福尼亚州拉荷亚市索尔克生物研究所胃肠病医学部的沙吉难陀·潘达博士的实验室最近进行了两项小鼠的研究，报告了限时进食对新陈代谢、全身炎症和肠道微生物组具有显著的影响 [39]。研究人员每天安排小鼠禁食 9~15 个小时，其余时间，小鼠可以不受限制地得到食物。在一项由索尔克研究所的科学家阿芒迪娜·查克斯领导的研究中发现, 限时进食的益处与小鼠不进食的时间成正比, 如每日禁食的时间小于 12 小时, 可观察到的益处就会较少。这些积极的效果还包括, 当小鼠被喂以高脂肪和高糖的西式饮食时, 即使每日摄入的热量没有任何变化, 也可以防止体重过度增加。这些小鼠可以享受高脂肪和高糖饮食, 只要在一天的时间中进食时间小于 12 小时。研究人员还发现全身脂肪堆积减轻、相关炎症减少、葡萄糖耐量改善, 以及胰岛素抵抗的降低。

在另一项由现任加州大学圣地亚哥分校的扎林帕尔实验室负责人阿米尔·扎林帕尔博士领导的研究中, 对笼养的一组小鼠进行观察后发现, 高脂肪、高糖饮食消除了小鼠的肠道微生物组的日常昼夜波动。然而, 在按照有时间限制的进食时间表安排小鼠进食时, 当摄入相同数量的食物, 肠道微生物的 24 小时节律波动得到了恢复[40], 多样性增加了, 与肥胖相关的微生物减少了。所有这些实验中最值得注意的是, 与间歇性禁食不同, 实验中并没有减少热量的摄入, 而仅仅是限制了每天的进食时间。

这些开创性研究为我们身体恢复到健康的代谢状态提供了一个新的、有吸引力的选择方向。一项简单的、有时间限制的饮食规划, 可以让你鱼和熊掌两者兼得。每天吃 8 个小时的植物性饮食来照顾肠道微生物的健康, 然后在剩下的 16 个小时里将新陈代谢切换到酮体供能的模式, 而且这 16 小时的一半是在晚上 8 小时的睡眠中度过的。

尽管如此, 与任何限制饮食的干预措施一样, 主要的问题仍然是在我们的日常生活中保持这种饮食习惯能不能实现? 世界各地的人们有着截然不同的饮食习惯, 比如阿根廷和西班牙的晚餐是晚上 11 点, 而赤道地区土著人的晚餐则是在下午稍晚一些, 那个时候甚至还没有日落, 当地日落时间是晚上 6 点 ~7 点。还有工作相关的限制因素: 很大一部分打工者早早就睡觉了, 因为他们需要在早上 5 点起床上班。许多人没办法按时在家吃午餐。而学生出门上学之前需要一顿丰盛的早餐, 回家后需要一份点心。我们真的指望在漫长的一天之后，人们能够放弃在电视机前喝一杯葡萄酒和吃一片奶酪吗？可即使完全控制了自己的时间，每个人也很难做到严格控制进食时间在 8 小时内或更少。这样乍一看，将限时进食的方法与我们的生活节奏协调起来似乎是不可能的。

因此，在我自己的一次调查中，为了表示支持，我自己尝试了限时饮食。利用新冠居家的特殊状况，我的家人从一日三餐、传统的地中海饮食（包括水果、坚果这类零食）转变为逐步限制的每日"进食窗口"，从每天 12 小时开始，最终达到每天 8 小时。

我承认：这不是一个轻松的改变。我们非常依恋之前的习惯，每天在阅读《纽约时报》的同时吃上一顿营养丰富的早餐。然后，我们一般能够通过间歇性的吃零食来恢复精力，并且晚上稳定地在睡前喝上一杯红酒。在周末，我们经常会和朋友一起出去吃饭，喝上两杯酒，这样放松、悠闲的夜晚通常会一直漫谈到晚上 11 点。

因此我们开始时进展很慢。在不改变以植物为主的饮食情况下，我们用两周的时间，逐渐将每天的禁食时间从 12 小时增加到理想的 16 小时。一旦我们做到了这一点，就严格遵守每天 8 个小时的"进食窗口"和 16 个小时的禁食，这样的生活节奏持续了一个月。可以这样想：在睡觉的时候已经度过了一半的禁食时间。

我们安排好了，在晚上 8 点之前开始每天的 16 小时禁食，我们珍爱的早餐不吃了，然后在中午 1 点之前吃完第一餐。我们继续每天一个小时的轻快徒步旅行，保持空腹状态走到附近的托潘加州立公园的热门景点鹰岩，这使得身体采用储存体脂作为唯一能量源的新陈代谢得到了进一步增强。令人惊讶的是，与常见的饮食观点相反，我们的运动耐力并没有降低，也没有出现过任何低血糖症状。仅仅两周后，我注意到自己的体重每周减轻了两到三磅。在我的自我试验中，这种情况持续了几周。尽管在一开始，放弃我们已有的日常生活习惯是一项很大的挑战，但随着时间的推移，我们逐渐适应了这种变化，意想不到的、对健康有益的新习惯就自然形成了。我们将自然而然地放弃全天吃零食（除了偶尔吃一根纤维棒）和晚餐后喝葡萄酒的习惯，这样做自然也就减少了每天"享乐"的 500 卡路里的额外热量摄入，同时还能够继续享用我们习惯的地中海菜肴。

过了一段时间后，我们也让自己适应了一个更合理的日常饮食习惯。为了尽量减少严格的"8-16 日程安排"对平常生活的干扰，我建议在一两个月之后，将这种饮食习惯减少为每周有 5 天严格遵守，然后其余两天进行习惯性进食。我发现，如果将周末安排成不受限制的，就可以进行社交、深夜晚餐和全套早餐，这是最切实可行的。

我现在已经进入按照这个日程安排的第二个月了，体重没有任何反弹，我妻子的也没有。我的体重没有像最开始时那样每周下降，而是在降了 20 磅左右后稳定了下来，而我的妻子一开始就没有体重的问题，现在的体重比一开始轻了 10 磅。通过保持日常锻炼，我们防止了瘦体组织的丢失，就如同最近一项临床试验中一些受试者所报告的那样[41]。而且与我们最初的担忧相反，我们感觉不那么饿了，在徒步旅行和一整天的活动中都更有精力了。这些经验最终彻底说服了我，这样一个有时间限制的饮食计划是可行有效的，这项观察得到了许多朋友和同事的证实。当然，我们这项实验属于不受控制的研究，我没有监测任何生理参数，因此可能存在未被注意到的变量，如由于热量摄入的限制而导致的体重下降，但毫无疑问的是，这种方法提供了一种切实有效的途径，可以在改善代谢健康的同时，减掉额外的体重。

然而，也许最重要的是，这种方法允许我们以最有节奏的方式来喂养肠道微生物，而不需要采用生酮饮食。生酮饮食剥夺了肠道微生物组需要的植物性成分、膳食纤维和多酚。重要的是，要知道以植物为主的限时饮食并不是另一种短期减肥饮食。为了获得最大的健康益处，这种饮食应该成为终生的日常生活习惯，与定期的有氧运动和压力管理练习（比如不同形式的冥想）并驾齐驱。基于这本书中介绍的现有科学证据，我坚信这些改变不仅能确保正常的体重、多样化的肠道微生物组和健康的新陈代谢，而且还将保护大脑免受慢性低级免疫激活的有害影响。

第 8 章

肠道健康的关键在于土壤

1962 年 7 月，那时我 12 岁，父母同意让我在约翰叔叔的农场过暑假，那是在慕尼黑以北大约 40 分钟车程的一个村庄里。这个地区长期以来一直被认为是德国南部的粮仓，大型农场绵延数英里，小城镇和村庄星罗棋布，道路狭窄而蜿蜒。当时，这些家庭农场生产各种各样的农产品，有小麦、大麦、甜菜、土豆，还有牛奶和肉类。

　　在我住宿期间，我们过着艰苦的日常生活。每天早上五点半起床。给奶牛喂新鲜的青草和三叶草，然后吃一顿简单的早餐，再到田里去收割甜菜和小麦。午餐时间，婶婶带来新蒸好的土豆，我们坐在田边的草地上，吃着自制的黄油和面包。尽管吃的是这种高碳水化合物，但是家里却没有人超重或肥胖，也没听说过有人谷蛋白过敏。午饭之后，我们又回到地里辛勤地劳作起来。在劳作 8 个小时后，我们回到家，聚在一起吃一顿简短的晚餐，然后上床睡觉，很快就睡着了。

　　尽管我会永远记得在叔叔农场度过的那个夏天，那是我童年时期的一个亮点，但是我从未想过自己会将农业作为职业兴趣和职业生涯的一部分。相反，我选择成为一名医生，在农场度过暑假的 10 多年后，我开始在慕尼黑的路德维希·马克西米利安大学医学院就读。在学习培训期间，我成为一名诊断疾病并用各种药物进行治疗的专家，但是除了摄入足够的蛋白质、碳水化合物和脂肪，或偶尔限制某些宏量营养素治疗某些疾病，如慢性肾病、慢性肝病或乳糜泻[①]之外我从未接受过提供饮食建议的培训。我的亲身体会是，西方医疗体系的首要目标一直是"用最新、最有效的药物或者至少是制药行业大力推广的药物"去对抗疾病，而不是查明疾病的根本病因并以此预防疾病。此外，在医生手里的所有药物中，抗生素仍然是最有效和最成功的。抗生素也的确保护了我们免受致命传染病的侵害，拯救过数百万人的生命。

然而，我们开始看到了这个成功故事的另一面，在肠道的深处，这份成功已经崩溃了。过度使用与滥用抗生素，加上现代饮食中的超加工食品，已经严重损害了肠道健康，并在慢性疾病导致的长期全球医疗危机中发挥了核心作用。

与此同时，在我们身体之外的生态环境中，也很奇怪地发生了类似故事。尽管世界人口在过去 75 年中增长了一倍多，但是由于农业技术创新，使得我们能够跟上人口快速增长的步伐，在世界上大多数地方，饥饿和营养不良的比率实际上已经下降了。

不过我们也一直在悄悄地破坏着自然环境。在不断施用化肥的情况下，农作物的健康状况和适应能力已经急剧下降，变得更容易受到病虫害的侵袭，而我们则试图喷洒一系列有毒的农药来对抗。在过度拥挤而又残酷的环境下饲养动物，并且过度使用抗生素作为生长促进剂，这导

---

① 乳糜泻（celiac disease, CD）是别称，正式的疾病名称是麦胶性肠病（gluten induced enteropathy）。欧美、澳大利亚发病率高，属于过敏性肠炎的一种类型，大量研究证实麦胶（面筋，谷物蛋白）可能是本病的致病因素，病因与遗传、免疫相关。——译者注

致了整个农业生态系统恢复力的下降。我们已经制造了一个具有破坏性的、进退两难的困境。随着我们的植物和动物越来越容易受到病毒感染和疾病的影响，我们的应对方式只是增加杀虫剂和抗生素的用量来为其续命。

美国高档超市里的水果和蔬菜从未像现在这样吸引人，它们的色彩鲜艳、种类繁多、表面光滑，但是这些果蔬根部的矿物质和植物化学物的含量在下降，这与我们那黑暗无氧的肠道中酝酿着的麻烦有着惊人的相似之处。正如同肠道微生物组在我们健康中发挥着关键作用一样，生活在土壤中并且与植物根系密切相互作用的微生物生态系统，同样在植物的健康中发挥着核心作用。更令人惊讶的是，一些在植物性食品和肠道相互作用中必不可少的物质分子，也在植物根际圈看似普遍的交流中起着至关重要的作用。根际圈是覆盖植物根系的那圈狭窄的土壤区域，根部菌群选择这个区域作为其栖息地，也被称为根际微生物群[1]。

甚至植物根际的环状区域也与肠道黏液层的外圈相似，肠道黏液层是肠道内壁的类糖涂层，大量的肠道菌群就栖息在肠道的这个区域。同样，植物会产生并分泌一种高度复杂的碳水化合物液体，吸引并喂养着根际微生物。正如饮食中MACs的供应决定了肠道微生物的丰富性和多样性一样，植物根系排泄物中的糖使得土壤细菌的生态系统保持了活力。这反映出微生物与肠道和植物根际相互作用的相似性，两者所涉及的微生物在将糖分子转化为能量时，具有许多相同的基因和代谢途径[2]。根部微生物组每单位体积包含微生物的数量，比土壤中其他任何地方都要多，这是一个与人类肠道菌群类似的密集种群。

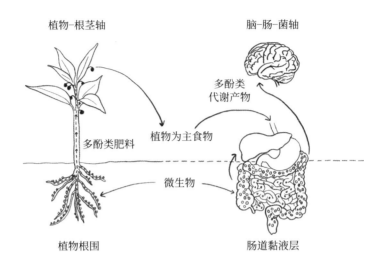

植物-根茎轴　　　　　　脑-肠-菌轴

多酚类
代谢产物

植物为主食物

多酚类肥料

微生物

植物根围　　　　　　　肠道黏液层

植物根围与肠道黏液层

这两个系统也面临着相似的困境。在抗生素、环境污染物、不健康饮食、化肥和农药的冲击之下，肠道微生物组和土壤微生物组的健康状况都在急剧恶化。我们的土地遭到了各种各样的破坏，但是有个特别让人惋惜的例子是北美高草草原生物群落，这里曾经是美国最茂盛的可持续生态系统[3]。该地区从俄亥俄州和密歇根州一直延伸到达科他州东部、内布拉斯加州和堪萨斯州，曾经被多种高达十英尺[①]的草本植物所覆盖，此外还有多年生植物和各种野花，是一个占地约2.4亿英亩[②]的大草原[4]。在1800年至1930年期间，殖民者将他们所谓的"美洲大荒漠"（完全忽视这是地球上极其富饶的栖息地之一）改造成了农田，摧毁了大部分草原，并且灭绝了其中大部分动物，包括美洲野牛和土拨鼠等物种。当然，更令人警醒的是，随着欧洲裔美国殖民者驱逐并屠杀了几乎所有的美洲原住民，这种扩张所造成的人员伤亡，在美国的历史中仍然被极其

---

① 1英尺约为0.3米。——编者注
② 1英亩约为4 047平方米。——编者注

不道德地忽视了。

农田改造逐渐摧毁了殖民者掠夺的土地。多年生高秆草的根系被犁开，使得草原牧草和许多其他植物物种几近灭绝。修建大量的排水系统，使土壤的含水量和水动力学发生改变，导致土壤遭受持续性侵蚀。这个生态系统曾经为当地原住民和大约 1.5 亿头成群结队的野牛提供了丰富的食物，但是如今已经缩减到原来规模的 4% 以下。它几乎完全被依靠化肥的单一作物小麦，以及用来喂养大量奶牛的玉米和大豆所取代。

莉兹·卡莱尔是一位有机农业教育工作者、加州大学圣巴巴拉分校环境研究项目的助理教授，也是《地下的扁豆》和《一粒又一粒》这两本书的作者。在我与莉兹谈论起土壤健康时，我问到是什么让她对土壤健康问题充满了激情。她说："我的奶奶在内布拉斯加州西部大草原上体验了美丽的风景，也见到了发生在那片土地上的惨案。奶奶的童年时代是在农村度过的，她与自然界是紧密相连的。我对她的爱很大程度上源自这个方面……我的奶奶非常坦率地向我讲述了由于未能保护好土壤而导致的人间悲剧，这是从对原住民的种族灭绝开始的。总的来说，现代农业极大地损害了这些以土壤为基础的自然生态系统，据估计，由于耕作、表层土流失、使用化肥，使土壤微生物群的多样性减少了 40%。"

几年前，我在内布拉斯加州的林肯市参加了一个名为"来源于土壤、水、肠道等不同栖息地的微生物组"的会议，对这种困境有了印象。除了听到专家谈论土壤中微生物的多样性下降之外，还与一群来自北达科他州的美洲年轻女性原住民进行了一次富有启发性的对话。我很好奇，他们是否仍然严格遵循着传统饮食的每个部分，以玉米、南瓜、豆类、浆果、野生大米为主，偶尔还吃鹿肉或野牛肉，或者饮食方式是否已经被日益扩大影响的西方工业食品取代了。

她们中的一个人告诉我："我们在仪式活动期间依然会吃一些传统的食物，但是现在已经没有机会在保留地上获取的这些食物了。因为我们部落决定把土地出租给大牧场放牧，比起以野牛肉或传统的本土食品为基础发展自己的生意，出租土地更加有利可图。"

这些年轻女子直接告诉我，草原生态系统曾经能够完全养活原住民，而如今已经无法与现代工业化农业的庞大规模相竞争了。经济学公式忽略了与现代食品生产相关的隐形成本。其中两人告诉我，她们不幸被诊断患有代谢综合征，这再次证明了一个残酷的事实，即一旦考虑到肥胖症和代谢性疾病的医疗费用，"廉价食品"的经济学计算公式就会发生巨大的变化。

与这些女子的会谈并不是唯一一次使我明白，我们是如何辜负了我们的土地和我们自己的。林肯市的会议结束后不久，我又有了一次大开眼界的经历。我带着妻子和儿子去了巴伐利亚州与亲戚见面，并且参观了那个大约 60 年前的夏天所住过的、改变我人生的农场。当我们到达时，所有动物都已经不见了——包括牛、猪、鸡、鹅——所有的。我惊呆了。努力让自己放松，望着周围绵延数英里的田野，这里一如既往地郁郁葱葱，让人感觉热情友好。然而，很快我的堂弟就提到，牛粪不再像曾经那样用来给这些田地施肥，而是改用化肥了。在经济压力之下，家庭农场变成了玉米和冬大麦的单一种植区。大麦中间仅仅播种啤酒花，这种高大的绿色藤本植物被称为巴伐利亚的"绿色黄金"，自 8 世纪以来一直生长在这里，近年来成为供给 IPA 啤酒（印度爱尔啤酒）的贵重原料。更重要的是，那些曾经在田野里做过的所有的艰苦的工作，现在都彻底由堂弟在精密的机械上完成了，而且是兼职完成的，其余时间他在附近的宝马工厂工作。我同时也不禁注意到，几个曾经苗条健康的亲戚体重增加了不少，其中好几个人患有糖尿病和代谢综合征。

工业化耕作方式的持续主导导致了如同慢性疾病般的附带损害，强调了此问题在全球范围内的紧迫性。数百万年以来，进化一直在努力优化肠道微生物和我们身体之间的亲密关系，也优化着土壤微生物组和植物根系的关系。这一观点主张尝试回归我们的本源，通过食用以供养肠道微生物为靶向的饮食，以恢复我们的肠道健康。

多酚：植物的保健系统

就像脑-肠-微生物网络中的循环对话一样，植物根系和土壤微生物组之间的共生关系也是一种强关联。

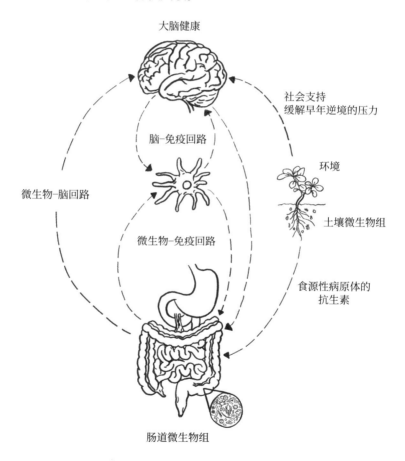

脑-肠-微生物网络与植物的保健系统

植物向土壤提供了糖、维生素、有机酸和植物化学物的"免费大餐"，土壤则为植物提供一个良好的微生物环境作为回报[5]。这种互惠交换的一个例子涉及多酚类物质。在所有多酚类物质中，最大的一组是黄酮类化合物，它在绿茶、柑橘类水果、浆果、豆类和红酒中含量丰富，是植物性饮食中重要的促进健康的元素。黄酮类化合物在自然界中含量非常丰富，据估计，在植物中就含有 8 000 多种不同类型。

黄酮类化合物对植物健康起关键作用，因为它们吸引了生活在植物根部的固氮菌，能够将空气中的氮转化为天然的肥料。特定的土壤微生物，特别是生活在豆科植物（荚果植物，比如扁豆、豌豆和三叶草）根部微生物组中的根瘤菌，将氮转化为天然的硝酸盐肥料（带氨基，$NH2$）。当植物在生长季结束后死亡时，会被微生物分解，释放出铵（$NH4$），这是另一种形式的可用氮，这将成为邻近植物和微生物的养分。将这些能够吸引固氮微生物的植物与其他作物一起种植，能够为其他作物提供天然的肥料来源[6]。这种再生过程也发挥着调节大气中氮气的作用，氮气约占地球大气的 80%。

但是，黄酮类化合物和其他植物化学物质给植物提供了更多好处。例如，当根部分泌物进入到土壤中时，其他类型的黄酮类化合物有助于使铁、铜和锌溶解到植物根部周围的土壤中[7]。这使得植物能够吸收这些矿物质，而我们食用后会转化为所需的微量营养素[8]。此外，在紧急情况下，植物可以调用植物化学物质使其发挥作用，如在植物遭遇害虫、食草动物、营养缺乏、干旱或紫外线辐射侵袭的时候[9]。受到威胁的植物会敲响化学警钟，催化产生抗病的黄酮类化合物的酶。与此同时，植物还会向其根茎发出求救信号，动员微生物帮助增加天然药物的产量。

植物可以利用根部微生物组来对抗植物病原体，比如广泛分布的丁香假单胞菌（Pseudomonas syringae），可以寄生于植物的叶、茎、芽、花 [10]。当植物检测到这种细菌的侵袭时，会向根部发送信息，刺激苹果酸的释放，苹果酸会吸引枯草芽孢杆菌（Bacillus subtilis）在植物的根部定植，并且刺激植物产生抗病原体的防御性化合物。在人体肠道中也发现了枯草芽孢杆菌，其培养物曾被广泛用作免疫系统刺激剂，以帮助治疗胃肠道疾病和泌尿系统疾病。尽管大约在 75 年前人类就用抗生素取代了枯草芽孢杆菌，但是这种微生物仍然在维持植物健康方面发挥着积极作用。

植物和土壤微生物组之间的这种有益交流不仅仅局限于多酚类物质。属于必需氨基酸的色氨酸在某些肠道微生物与肠嗜铬细胞之间的双向相互作用中也起着重要作用，肠嗜铬细胞是我们肠道中的 5– 羟色胺仓库 [11]。尽管色氨酸被肠道内壁细胞分解成几种信号分子，如 5– 羟色胺和犬尿氨酸，但肠腔中大部分未消化的膳食色氨酸会被一种仅存在于某些特定肠道和土壤微生物中的酶转化为吲哚。吲哚在人体和大脑中具有广泛的功能。某些吲哚家族的成员似乎在自闭症谱系障碍、阿尔茨海默病和抑郁症中发挥着作用。事实上，我的实验室最近已经证明，吲哚的一种代谢产物吲哚 -3- 乙酸（indole-3-acetic acid），可能在大脑网络进行调节食欲的过程中发挥作用 [12]。就与它们在肠道中的远亲一样，植物根茎体中的某些有益菌可以启动相同的代谢机制，并且同样产生相同的代谢产物吲哚 -3- 乙酸，这是植物界最重要的生长激素之一。受这种激素的刺激，植物的根长得更长并且侧根会发育，还会长出更多根毛。有了更广泛的根系，植物可以吸收更多养分，将更多物质注入土壤，从而吸引来更多有助于生产吲哚 -3- 乙酸的微生物。

毁灭性二重奏：西方饮食和工业化农业

虽然我们才刚刚开始接受这样一个概念，即包括肠道微生物组中的基因和分子在内，我们的肠道和植物健康有着共同的基本原理，但是"土壤微生物在植物生长和健康中发挥着关键作用"这是一个很古老的观念。与整体医学一样，这种观念在历史进程中被轻率地抛弃了。自从 19世纪初德国化学家尤期图斯·冯·李比斯发现了化肥的有效性以来，流行的理念一直是只要用氮、磷、钾混合的氮磷钾复合肥（NPK 肥料）促进植物生长，我们就能够种出越来越多的粮食 [13]。（顺便提一句，我表弟在他的德国农场里也使用着氮磷钾复合肥。）后来，伴随着快速的工业化，李比斯的理念在第三次农业革命（也被称为绿色革命）中发挥了重要作用，通过新的农业措施提高了作物产量，以解决这个世界的饥饿问题 [14]。这是通过种植高产的谷物品种，并且广泛使用一系列新的农用化学品而得以实现的，包括大量的氮磷钾肥和用于杀死昆虫、杂草、真菌和蠕虫的合成化学杀虫剂。与灌溉、机械化和新的耕作方法一起，这些方法被作为一个整体加以推广，以取代传统的耕作方式。

就全球粮食生产而言，不可否认这种方法是非常成功的。事实上，自 1960 年以来，小麦和其他粮食作物的产量增加了两倍，预计到 21 世纪中叶还会进一步增长。然而，正如华盛顿大学地貌学教授大卫·蒙哥马利和生物学家与环境规划师安妮·贝克尔在他们合著的书籍《看不见的大自然》中所说的那样："李比斯的持久影响力，已经使得农业科学发展成为应用化学的一个专门分支。" [15] 而不是将工业化农业建立在生态学和微生物组学的生物学原理之上了。这种现代简化论的方法对复杂系统所带来的附带损害现在才逐渐显现出来，它对我们的植物、土壤和身体的健康产生广泛影响。

就像肠道健康和人类健康的关系一样，植物理想的健康状况无法从简单的、廉价的化学混合物中获得，没有什么东西能够神奇地促使植物生长，然后提供越来越多的健康食物。但是，培育植物的复杂配方天然存在于根部的微生物组中，由大量有益细菌和真菌构成，它们栖息于植物根部附近。这些微生物组将自身的许多代谢物输送到植物根部，并帮助植物从土壤中吸收矿物质、其他营养物质和各种有益的化合物。早在李比斯的发现为农用化学品公司的建立奠定了基础之前，植物就以一种全面和高度先进的方式照顾着自己的生长和健康，实现了远远超过今天人工可实现的目标。

西方饮食提供了容易吸收高热量与缺乏微量营养素的食物，同时剥夺了肠道微生物偏好的营养。同理，缺乏微量营养素的化肥只会直接使植物长高长大，而使根际微生物挨饿。安妮·贝克尔和大卫·蒙哥马利解释说："所以我们最终收获的是巨大、肥沃、高产的作物，外表看起来不错，但内部的矿物质和植物化学物含量却很低。"[16] 直到现在我们才意识到，我们对肠道和土壤的态度已经严重损害了宿主生物①和数万亿种微生物之间复杂的双向交流，以及储存在大约 2 000 万个基因中的万亿微生物共有的智慧。然而，尽管我们拥有非凡的科学知识，但是我们只发现了这种遗传智慧的千分之一！在今天的农场里，促进生长的氮磷钾复合肥并没有为植物提供延缓疾病、治愈受伤、抵御害虫和病原体所需的物质。就像我们改变了自己的饮食，忽视了重要的健康促进功能一样，我们也错误地专注于植物的生长，而忽视了其内在的健康。这就是两个失败的结合，它们共同导致越来越多超重、肥胖和新陈代谢受损的人群出现，使支付维持我们生存的药品和医疗费用在经济中占比越来越高[17]。

一个"新兴"运动：再生有机农业

有机农业是最早的农作物种植方式之一。如今被称为有机食品运动的一部分，这项运动要求回归到只使用天然肥料和天然农药种植和加工的

---

① 宿主生物（host creatures），是与寄生生物相对的概念，指为寄生微生物提供栖息地的所有动植物。——译者注

食品。有机食品运动开始于 20 世纪 40 年代末，在 20 世纪 60 年代末迅速发展，并且越来越受到欢迎，许多食品公司和餐馆都将其用于营销推广活动 [18]。然而，即使有机认证相当严格，农民和农业综合企业仍然可以利用其中的漏洞，所以消费者可能并不总是能得到所期望的健康益处。

例如，在美国，有机标签有 4 种不同的类别："100% 有机"意味着所有成分都是有机食品生产的；"有机"意味着至少 95% 的食材是有机的；"有机成分制造"表明至少 70% 的成分是有机的；"少于 70% 有机成分"要求 3 种有机成分必须列在标签的成分里。当然，这看起来很令人糊涂，但是"天然"或"纯天然"标签并非意味着食物是有机生产和加工的 [19]。

虽然有机食品运动能够提供农药含量更少、营养成分更多的水果和蔬菜，为我们指明正确方向，但是这项运动常常会忽略解决土壤退化的问题。不过有一项将土地健康考虑在内的运动已经兴起。最近，我只是在与一些最初的支持者谈话中才意识到这一点，包括户外服装公司巴塔哥尼亚的创始人伊冯·乔伊纳德和环保主义者莉兹·卡莱尔。

"再生有机农业这个术语相对比较新，"卡莱尔与农民合作，试图恢复土地的生态完整性，她解释说，"但这实际上是对几千年以来，世界各地的原住民所熟知的古老做法的复兴。"

回归再生农业的思想始于 20 世纪 80 年代末，由支持有机农业实践的非营利性组织罗代尔研究所发起。罗伯特·罗代尔认为，任何管理得当的自然系统都可以在提高未来产能的同时提高生产力，而不需要依赖昂贵的、具有潜在破坏性的化学制品。简而言之，农场可以拥有一个自给自足的生态系统 [20]。

直到 2014 年，这种整体土地管理的理念才得到主流思想的支持。罗代尔研究所发布的一份报告显示，这种做法不仅对人和土地更为健康，而且通过帮助应对气候变化，让地球也更健康。报告的结论是，"我们可以通过改用普通且廉价的有机管理措施，将当前年度超出 100% 的碳排放量都固定在植物中[21]。"实际上，正如卡莱尔所说："在当代工业化农业的背景之下，再生有机方法基本上意味着农民正在转向更像是健康的本土农业的体系。"

在意识到土壤和肠道健康之间深刻而错综复杂的关系之后，让我把童年在叔叔农场的经历以及自那时起农场发生的巨大变化，与农民如何与土壤和他们生产的食物进行互动的方式发生的更大转变联系起来。最重要的是，这个领悟让我认识到以合成化学为基础的农业对我们的食物造成的影响，与基于合成药物的药品、基于加工成分的食品对我们健康所造成的影响的相似之处。它比以往任何时候都更加清楚地表明，我们不仅必须要注意我们吃什么、什么时候吃，而且还要注意我们的食物是如何种植的。幸运的是，在具有开拓性思想的领袖和公司的引导之下，公众意识正在发生强烈的变化，我将在下一章介绍其中的一些人。他们已经意识到这个问题的严重性，正在努力帮助我们恢复我们的身体、土地和地球的健康。

第 9 章

"大健康"理念让微生物系统
相互联系和交流

尽管我们的医疗保健系统紧跟着医疗企业和制药公司的私利和商业利益，但是永远不会有一个快速的方法来解决我们面临的问题。这就像抗抑郁药本身无法遏制越来越多的抑郁症患者出现；试图减缓阿尔茨海默病讲展的那个令人难以捉摸的药物，无法消除早期认知能力下降的潜在风险因素；流行的饮食方案，如酮类饮食和低发酵性碳水化合物饮食，只能为一些患者提供短期的好处，同时也会损害肠道微生物的健康；大量多酚、维生素和益生菌的膳食补充剂无法弥补我们工业种植的作物中被严重损耗的植物性化学物。即使是新的新冠疫苗也无法消除易感人群患流行病的风险。我们目前面临最紧迫的公共卫生威胁，是慢性疾病、植物与土壤健康、气候变化和传染性疾病的大流行，这些都是失衡网络中的一部分。

　　要想持久地解决这些问题，而不仅仅是依赖我们目前使用的药物、化学制品和膳食补充剂的拼凑式方法，这需要对我们的地球有一个全新的理解，这是一个相互关联的、基于系统的网络。

　　从土壤到植物，从植物到人类和其他动物，从肠道到微生物组和大脑，再从动物回到环境中，我们现在才开始理解那些看不见的、在很大程度上被忽视的微生物种群，它们使用无数信号分子以一种通用的生物语言沿着这个全球网络的各种途径进行交流。了解这些错综复杂的关系对在各个层面上维持机体、社区和生态系统的健康至关重要。"大健康"观点，这是指在历史上考察了动物健康和人类健康之间的联系后得出的动态统一观念，最近也加入了环境因素。我认为只有一种健康的观点，那就是将"大健康"的概念加以扩大，包括如人类、食品、微生物组、动物和植物的健康以及环境的多学科观点，并且认识到这些要素之间都有着难以察觉的联系。

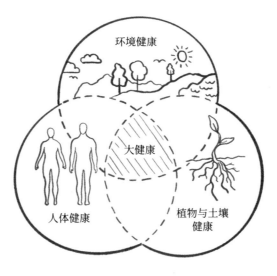

"大健康"观念

尽管"大健康"听起来是哲学上的、宗教性的，但是在这种背景之下，它不仅仅是理论上的存在。2020 年 6 月，由中国杭州浙江大学环境与资源学院徐建明教授领导的研究小组在《微生物组》上发表了一篇论文，他使用了一种复杂的网络分析方法，证明了有一种广泛的微生物通信系统，在全球范围内连接着动物肠道、植物不同部位（包括根际）、土壤和水（淡水和海水）。研究人员证实，各种看似截然不同的微生态系统，是能够相互联系和相互交流的[1]。

研究人员分析了来自"地球微生物组计划[2]"的数据库中的 23 595 份样本和 12 646 个精确基因序列变异（ESV），该项目是由这项研究的共同作者之一罗布·奈特在加州大学圣地亚哥分校创立的。"地球微生物组计划"成立于 2010 年，收集了全球不同环境和地点的自然样本并分析了其中的微生物群落。这项研究的"共现"网络分析揭示了来自这些不同环境的微生物群之间互连模式的 8 个不同模块。微生物群为两类，主要由植物和动物表面（如皮肤和毛皮）的微生物群连接。尽管先前的研究观察到来自不同环境的微生物群之间存在重大差异，但进一步的调查发现，子网络之间的联系存在重叠，表明这些不同环境中的微生物模式存在相似性。

该技术已经被广泛用于描述单个微生物组中结构和功能的复杂相互作用，这些微生物组决定了肠道微生物组在代谢和认知功能中所起的作用，正如第 4 章所述。然而，这是第一次将该技术用于检测如此广泛的环境和如此大规模的微生物组之间的相互关联模式。

我们从其他科学证据中了解到，在过去的 75 年里，各个层面上菌株和物种的多样性都在下降，环境和生物变化之间的不匹配也导致地球网络的稳定性、恢复力和有效性普遍下降[3]。这种不断恶化的情况表现在许多方面：宏观和微观层面上的生物多样性急剧下降，慢性疾病患病率增加，以及更容易受到流行病的影响。

具有讽刺意味的是，新冠病毒比我们绝大多数医生、科学家和政客更了解我们星球网络的复杂性。这种病毒不认识国界、国家、政治信仰，也不认识医学子专业创建的独立器官系统。它只确切地知道如何定位和瞄准最脆弱的人，如那些患有与我们饮食和生活方式下降有关的慢性非传染性疾病的人；它还了解工业化肉类生产给生活在残酷环境下的动物和工人造成的疾病易感性；它知道人类对非洲和南美洲的热带雨林等自然栖息地的无情侵占，增加了新冠病毒和其他病毒从受威胁的动物栖息地转移到人类身上的机会。事实上，对于我们现代世界的问题，这种病毒似乎有其独特的道德指南，可以解释我们世界出现的问题，特别是我们食物系统的退化、经济差距以及被利润驱使的大型产业。

虽然"大健康"的概念长期以来一直被认为是正当合理的 [4]，但它带来的有意义的变革潜力现在已经显著地显现出来 [5]。2019 年，基于这种方法的其中一份最全面的报告，探索健康饮食、可持续食品系统和地球健康之间的复杂联系，由 EAT- 柳叶刀委员会发表在《柳叶刀》杂志上，该委员会由来自不同学科和 16 个国家的 37 名顶尖科学家组成，由环境科学教授、斯德哥尔摩恢复力中心联席主任、波茨坦气候影响研究所主任约翰·罗克斯特伦与哈佛大学公共卫生学院流行病学和营养学教授、哈佛医学院医学教授沃尔特·威利特博士共同主持 [6]。正如我与威利特交谈时他所解释的那样，"这个委员会被组织起来，是为了研究到了 2050 年，能否以及如何为大约 100 亿人提供既健康又可持续的饮食"。根据其作者的说法，这些发现为实现这一目标提供了"有史以来的第一个科学目标"。

之前提到过由徐建明教授领导的研究，揭示了微生物组在连接地球上看似无关的各系统的关键作用，这份论文让人大开眼界，提醒人们食物、人类健康、环境和地球之间的相互关系。尽管报告的某些方面受到了质疑，一个主要论点是其提出的食品系统的变革将对传统农业和饮食习惯产生影响，但是这份论文非常权威又准确地详细说明了现代食品体系、糟糕的饮食、环境破坏和人类健康之间不可分割的联系。重要的是，它以乐观的基调结束，认为变革是有可能成功的。

人类世（Anthropocene）指的是我们当前的时代，人类活动对气候和环境造成了深刻影响。EAT- 柳叶刀委员会的报告说，人类世的粮食生产和消费是 21 世纪最大的健康和环境挑战之一。这不仅因为世界正在应对与肥胖和代谢紊乱相关的慢性非传染性疾病的流行（目前被更严重的新冠所掩盖），还因为许多环境系统和环境开采或变化的过程超出了安全边界。粮食供应和消费混乱导致 21 亿成年人超重或肥胖,全球糖尿病患病率在过去 30 年翻了一番,与此同时,超过 8.2 亿人营养不良,1.51 亿儿童发育不良,5 100 万儿童严重营养不良,20 多亿人缺乏微量营养素。

同时,粮食生产是全球环境变化的最大原因。农业约占全球土地面积的 40%,粮食生产占温室气体排放量的 30%。农业还占我们 70% 的淡水使用量。将自然生态系统转变为农田和牧场是许多物种濒临灭绝的最大原因。过度使用甚至滥用的氮磷肥通过径流进入湖泊和海湾,导致藻类密集生长,耗尽水中氧气,在湖泊和沿海地区形成巨大的"死水区"。世界上约 60% 的鱼类资源被开发利用,超过 30% 的鱼类被过度捕捞。生产养殖海鲜的水产养殖业快速扩张,可能对沿海、淡水和陆地生态系统产生负面影响。

为了既健康又有可持续性的饮食,EAT– 柳叶刀委员会推荐了一种"双赢"的饮食,这意味着食物系统必须有一个安全的"运作空间",根据人类每天需要的特定食物类别来维持健康和环境的平衡。例如,每天 100 克 ~300 克水果。

威利特解释说:"我们有很多证据证明什么是健康饮食。如果我们只看健康,它将我们引向主要以植物为基础的饮食,不一定都是素食或纯素食,但主要是以植物为主。值得注意的是,从流行病学、微生物组学、新陈代谢、神经科学,一直到植物学和土壤科学等一系列学科的科学进步融合后,都支持这种饮食对健康的好处。"

对于那些不愿大幅度改变传统饮食习惯的人来说,除了完全放弃肉类之外,还有一个令人惊讶的替代方案。最近推出的植物性肉制品,它们在过去 5 年里的流行度爆炸性增长,特别是在千禧一代①中,表明这种

---

① 千禧一代(millennials)指出生于 20 世纪并且在 20 世纪并未成年,在跨入 21 世纪(即 2000 年)以后达到成年年龄的一代人。这一代人的成长时期基本与互联网的发展吻合。——译者注

替代方案不仅在美国是可行的，甚至在巴西和阿根廷等国家也是可行的，在这些国家，日常食用牛肉甚全是民族认同①的一部分。例如，巴西的素食主义者人数在 6 年内翻了一番，这催生了一个蓬勃发展的植物性产业，该产业正在找机会取代肉类加工厂，同时减少亚马逊雨林砍伐带来的具有破坏性的环境影响，同时为养牛场和大豆种植园腾出空间。与豆腐等其他素食肉类替代品不同，这种新的植物性汉堡甚至赢得了最忠实的肉类爱好者的支持。根据新产品开发（NPD）市场研究公司的分析师达伦·赛费尔的说法，90% 购买这些产品的顾客都是肉类爱好者，他们认为这些产品更健康，对环境也更好。

显然，脱离对环境有大影响的牛肉生产，转向以植物为基础的原料，对地球环境应该是有益的。例如，超越汉堡（Beyond Burger）含有大约 18 种成分，包括纯化的豌豆蛋白、椰子油和菜籽油、大米蛋白、土豆淀粉和用于着色的甜菜汁提取物。然而，这些超加工食品对环境的有益影响是否与个人健康的益处相匹配，仍然有待确定。与牛肉饼相比，不可能汉堡（Impossible Burger）和超越汉堡的蛋白质、总脂肪和卡路里相似，饱和脂肪比例较低，不含胆固醇，并且这些植物性产品也含有纤维，而真正的肉类则不含纤维。比较食用牛肉汉堡和植物汉堡对新陈代谢影响的研究目前正在进行中。哈佛大学公共卫生学院营养系主任弗兰克·胡博士表示，对于那些试图采用更健康饮食方式的人来说，肉类替代品应该被视为"过渡性食物"。然而，他警告说，如果你用炸薯条和含糖苏打水作为植物汉堡的伴食，那么用植物汉堡取代汉堡并不能改善饮食质量。今年 8 月，胡博士和一组健康与气候专家在《美国医学会杂志》上发表了一篇报告，探讨了植物性肉类能否成为"健康低碳饮食"的一部分[7]。胡博士强调，用坚果、豆类和其他植物性食品取代红肉已经被证

---

① 食用牛肉已经成为人们的生活方式和文化习惯的一部分，与国家的认同感和身份有关。——编者注

明可以降低死亡率和患慢性病风险，但是无法推断出用纯化大豆或豌豆蛋白制成的加工汉堡也会有同样的健康益处[8]。

当我问道，如果每个人都开始食用以动物肉为主的生酮饮食，我们的地球能养活多少人口时，威利特给出了现成的答案："2亿人，这意味着大约72亿人将需要寻找另一颗星球。"

这份报告的结论是，到2050年，向这种健康饮食的转变全球需要大幅改变饮食结构，包括减少了50%以上的不健康食品消费量，增加一倍以上的健康食品消费量。此外，为约100亿人提供的可持续粮食生产不应使用额外的土地，要保护现有生物的多样性，减少水消耗并负责任地管理好水资源，大幅减少氮、磷污染，实现零碳排放的同时不会导致甲烷和一氧化二氮排放的进一步增加。

这些雄心勃勃的建议伴随着一个严厉的警告：如果在2050年之前不扭转或缓解当前的饮食趋势，对人类健康的影响将正如威利特所说，是"非常直接和严重的"。全球非传染性疾病的负担预计将进一步加重，粮食生产对温室气体排放、氮和磷污染、生物多样性的丧失以及水和土地利用的影响将进一步威胁地球的稳定。威利特警告我们："这几乎需要每个人都努力改变个人生活，还有国家和全球层面的政策变化。这将是一个巨大的挑战。为世界提供健康和可持续的饮食是可以做到的。然而，我们没有什么犯错的余地了。无论是在生产和消费食物方面，还是在我们的余生中，大家都必须迅速果断地采取行动了。"

从经济角度来看，这项计划也是有利的。向健康饮食的转变可以有效地应对我们目前的健康危机，大幅降低医疗成本，估计每年避免1 080万至1 160万人死亡，死亡人数算下来降低了19%~23.6%，这比任何药物研发创新所能够达到的效果都要好。

与以往一样，重要问题仍迫在眉睫。人类愿意对自己的饮食习惯做出如此巨大的改变吗？或者只有当灾难越来越多时，才会进行改变？我们是否只会继续增加卫生保健和药物研究的预算，以应对非传染性疾病和反复爆发的流行病呢？如果没有立即回答这些问题，也就没有意识到我们的食品生产和消费存在的严重问题，越来越多的知名公司、农民和厨师（真正的改革派）已经开始自己着手解决问题了。他们共同证明，可以在不损害环境的情况下，种植和生产不含化学物质的食物，并且也做到美味又营养丰富。他们中的许多人也基于这些原则创建了非常成功和有收益的业务。从巴塔哥尼亚的老板伊冯·乔伊纳德到法国达能的首席执行官范易谋，再到厨师和食品活动家丹·巴伯和诺伯特·尼德尔科夫勒，这些领导者展示了怎样在个人和公共层面上恢复健康。尽管他们的背景、职业和动机完全不同，但他们都聚集在一个共同的基本理念上，与"大健康"原则保持一致。他们已经开始采取切实可行的措施，以从根本上改变我们的食品系统。

可再生的有机农业模式

伊冯·乔伊纳德是非常著名的巴塔哥尼亚公司的创始人兼拥有者，也是"大健康"运动的领导者之一，每当我在为他进行介绍的时候，经常会被问道："巴塔哥尼亚不是一家昂贵的户外服装公司吗？"

乔伊纳德给出了一个精简的答案："作为户外运动的爱好者，我看到了一种方法，可以拯救我们的家园和包括我们在内的生物，并免受我们自己带来的破坏性习惯的影响。巴塔哥尼亚食品（公司分部，其业务部门销售资源充足的食品）不仅仅是另一个商业冒险。这关系到人类生存的问题[9]。"

我第一次见到乔伊纳德是 2018 年在怀俄明州杰克逊市的一次演讲活动中，夏天和秋天时乔伊纳德住在那里。我们坐在他舒适、朴素的房子里，可以欣赏到白雪覆盖的提顿山脉壮丽的景色。乔伊纳德坦率并极有说服力地谈到了他的信念："这个星球没有什么问题，它是完美的，但是我们正在摧毁它。尽管如此，所有的答案都在大自然中。我一直都相信这一点。"

乔伊纳德热衷于将目前的工业化农业的生产模式转变为可再生的有机农业模式，以此方式利用自然界中已有的解决方案。他在最近的一篇文章中写道："可再生的有机农业模式可以在种植大量作物的同时，营造更健康的土壤，吸收和储存更多温室气体。自由放养的水牛可以帮助恢复大草原的草场，这是地球上最大的碳储存系统之一[10]。绳养的贻贝能净化生长环境中的水，同时还会制造美味的蛋白质。定点捕捞和选择性捕捞技术，使我们能够在不伤害数量少的鱼类物种的情况下，瞄准真正可持续的鱼类种群。"正如这些例子所表明的那样，我们越卷起袖子努力深入食物的世界，就越会发现最好的方式往往是旧的方式。有机农业主要去除所有有害化学物质，"但是有了再生有机方式，就能种植更有营养、味道更好的食物。这是在耕耘土壤，是在从大气中捕获碳。"

乔伊纳德流利而坚定地阐述了他的使命，通过改变粮食种植的方式，开创一种解决我们的健康和环境问题的新方法："这就是我想要参与的革命！"

从商界巨头口中听到"革命"这个词是很不寻常的。但乔伊纳德是一位不同寻常的领导人，用他自己的话说，他是一个"勉强的商人"。他最受欢迎的书是《冲浪板上的公司》[11]。

我问乔伊纳德是否曾经受邀在哈佛商学院演讲他非凡的具有革命性的成功商业模式，这时他回答说："我在哈佛给一群工商管理硕士生做了一次演讲，其中一个学生在演讲后走过来对我说'我真的很喜欢你的演讲，我相信你所说的一切，但是这与在哈佛教给我们的恰恰相反'。"的确，乔伊纳德认为自己更像是一名社会主义者，而不是资本家，他一直追求的是道义上的正确性，而不是公司利润的最大化。

现年 80 岁的乔伊纳德通过在巴塔哥尼亚创建的一个项目，来确保他的使命能够得到广泛地执行，该项目自 1985 年成立以来，已经向基层组织和创新初创企业提供了超过 1 亿美元的赠款，以负责任、可再生、有机的方式打造新的食品生产方法。在许多其他项目中，乔伊纳德还支持将多年生长根小麦草"中间偃麦草"（Thinopyrum intermedium）发展为选择性培育的谷物品种，商标为 Kernza，并将这种谷物制成几种特色啤酒，如巴塔哥尼亚长根啤酒。乔伊纳德提倡可持续的、人性化的捕捉三文鱼和野牛肉，并领导了许多教育和营销活动。

通过这样的投资，他也成了整个"生态系统"中的重要参与者，这个生态系统由世界各地志同道合的个人和公司组成，以可持续的方式成功地种植和生产健康食品。例如，以乳制品和瓶装水闻名的国际食品公司达能的首席执行官范易谋承担了一项艰巨的任务，他富有远见地将达能公司这样一家拥有 10 多万名员工、价值 300 亿美元的跨国食品公司转变为公益公司或叫 B 型企业①（2012 年 1 月，巴塔哥尼亚是加州第一家注册这个身份的公司[12]）。B 型企业是 2006 年在美国推出的一种具有可持续性的商业认证，要求营利性公司的目标需包括可持续性、透明度、社会责任、雇员福利、动物保护和法律问责。在其他要求中，公司承诺提交一年两次的调查问卷，衡量其对社会和环境的影响，满足全面的社会和环境绩效标准，并公开其 B 级影响报告[13]。

范易谋在一次采访中表示："我们需要重建消费者对公司和行业的信任。我认为 B 型企业认证是一种极好的方式，向所有人表明了在品牌背后"达能人"的精神。我们不认为公司的目标就是为了使股东赚取利润，

---

① 在写这本书期间，范易谋被免去了达能首席执行官和董事长的职务，他自 1997 年以来一直担任这两个职位。在他富有魅力的领导之下，让达能成为世界上最大的公益公司，但这项成就并没能阻止股东中的激进派结束他有影响力的领导职位。这是激进派的一次胜利，这些激进派曾围攻达能并推动彻底改革，以解决"业绩长期表现不佳"的问题。

还应该有着更伟大的目标。"

范易谋严肃地谈到达能生产食品的方式将彻底转变，基于对土壤、生态和气候的深入了解，将从化学品转向作物和动物养殖。2019 年 9 月，他宣布成立一个由 19 家公司组成的财团，承诺通过可持续性的农业和减少森林砍伐来保护地球的生物多样性[14]。

"当你审视过去 50 年的粮食系统时，会发现我们一直在追求规模效应，"他告诉我，"我们一直在寻求简化和全球化，并且只专注于几个解决方案……我们确实在总体上降低了热量消耗。但是现在意想不到的后果是，我们 70% 的食物只依赖于 9 种植物，9 个品种。这对生态系统来说是一个巨大风险，因为这是过度依赖少数几个物种，而我们知道这些物种将无法适应这种新的变化。"

根据 EAT-柳叶刀委员会的提议，范易谋也认同我们应该少吃肉类的观点，根据地球未来的健康和我们自己的健康，应重新进行大幅度地平衡饮食。在某些情况下，这意味着减少乳制品的消耗量，而这正是公司的核心业务，同时这还意味着减少或不使用传统常用的糖。为了解决这些问题，达能已转向了植物酸奶和其他发酵食品，并大幅减少了公司对糖的使用。范易谋还拒绝在食品生产中使用转基因技术，并承诺在 2016 年实现公司产品无转基因成分。在达能经过 B 型公司的认证以后，范易谋并不打算停止脚步。他对资本主义转型的愿景甚至更加激进："一个组织的根基是树立一个超越自身的更远大目标，达能的目标就是为更广泛的生态系统服务。"

虽然乔伊纳德和范易谋都怀着强烈的雄心改变他们各自的公司和努力改变世界，但还有其他领导人以更个人的方式推进着这场运动。富有远见的厨师、《纽约时报》畅销书作家丹·巴伯毫不遮掩地把对吃饭的乐趣放在他激进主义思想的中心："我相信围绕美食的运动继续发展的原因是它植根于享乐主义。我们可以哀叹美国的饮食文化以及我们对美食缺乏鉴赏力，但是美国人比其他国家的人更渴望、更追求愉悦感的文化，愿意为此花更多的钱。这就是我认为这场运动将能继续发展的地方。"

我各方面都认同巴伯的观点，包括从科学的角度来看。正如我在第6章中所指出的，我们进食的动力是由两个平衡的生理需求驱动的，一个是我们身体和大脑新陈代谢的需要，另一个则是享乐主义的需求，这正如巴伯本能意识到的那样。愉悦感是我们饮食行为中重要的驱动因素。这个话题具有很高的科学价值和巨大的商业利益，因此就有食品公司在产品中添加调味剂，希望让我们时刻渴望它。而制药行业恰恰相反，其竞相制造一种可以减少食物摄入量的药片。尽管如此，在我们自身的生物性内驱动力中追求愉悦感的那一部分，也可以在促使我们吃更健康、更美味的食物方面发挥关键作用。

丹·巴伯与迈克尔·马藻雷克一起创立并运营了销售有机种子的Row 7 种子公司。巴伯用一个美味的胡萝卜来举例说明农业生产那复杂的幕后过程，这种健康和美味的食物使人回味无穷、欲罢不能。"胡萝卜必须从优良的种子选择开始，可能是经过多年或世代精心挑选的种子。它可能从当地的一个农民那里种出来，也可能从土壤里摘出来后不久就被你发现了。顺便说一句，那片土壤是真正的土壤，而不是水栽培区，水培的胡萝卜种植不出真正的味道。因此，必须用充满生命力、营养丰富、具有生物多样性的肥沃土壤培育，这就是美味的来源。此外，土壤并不是独立运作的，只有在整个农场都能发挥作用的情况下，土壤才能发挥作用。例如，好的鸟类活动和授粉，使得环境变得良好且稳定。而胡萝卜的营养密度必须极高，因为黄酮类化合物和其他的多酚对于美味来说是必不可少的。所以你刚刚尝到的这颗美味的胡萝卜其实是一颗营养炸弹，既营养又美味，完美地将营养密度与口感结合了起来。"

巴伯的类比还没有结束，他才刚刚开始，"我认为这是'胡萝卜加大棒'中的那一根政治性胡萝卜。像棱镜分解光线一样，它把所有随之而来的重要议题分解成激励（胡萝卜）或者鞭策（大棒），推动着这个世界如何运转。因此在我们眼中，在食物未来的前景里，其味道实际上扮演了一个重要的角色……"

在巴伯的纽约州餐厅以东约 6 000 英里（约为 96 564 千米），在位于意大利北部白云山的高处，住着另一位与巴伯志同道合的厨师。2020 年初，我在意大利阿尔卑斯山圣卡西亚诺的阿尔皮纳罗莎酒店遇到了著名的圣·胡贝图斯餐厅的诺贝特·尼德科夫勒。和乔伊纳德一起，我被邀请在"厨师职业道德日关注研讨会"上发言，该会议由尼德科夫勒和他的商业伙伴保罗·费雷蒂共同创立。这是一年一度的活动，来自世界各地的厨师、其他食品专业人士以及葡萄酒和食品公司的高管聚集在一起，他们有着共同的目标：倡导一种符合道德和可持续发展的烹饪方法，赞同对原材料的使用有责任心、尊重农民和饲养者的辛勤工作、配合回收垃圾。

我向尼德尔科夫勒透露，实际上，在大约 50 年前我们见过一次面，当时是在我家乡巴伐利亚附近一个湖边的高级餐厅，他是那里的厨师。父亲带我们全家去那里吃了一顿特别的晚餐。巧合的是，过了半个世纪，在我们两人周游了世界之后再次相遇，不约而同地聚焦在一个相同的理念，尼德科夫勒是从烹饪的角度出发，而我是从健康的角度。

圣·胡贝图斯餐厅成立于 1996 年，最初仅仅是一家比萨主题酒店内的一个小餐厅，尼德科夫勒在那里担任主厨。4 年之后，它被授予了米其林星级，这是白云岩地区获得的第一颗米其林星。"我们从世界各地空运产品，从澳大利亚、阿拉斯加，甚至挪威。"尼德科夫勒回忆道："因为这家餐厅以海鲜闻名，我们每周都有 150 公斤新鲜的海鱼空运过来。"2007 年，当这家餐厅获得第二颗米其林星评级的时候，他说："这时候我开始意识到，把世界各地的人都带到了山区，却向他们提供与纽约、洛杉矶、东京和澳大利亚等大城市同样的食物，这完全没有意义。"

尼德科夫勒开始"靠山吃山"，就像他所说的，所有食材全都从附近采购。"很多记者，甚至米其林组织的官员都在警告我，如果继续这样下去，我将会失去那第二颗米其林星。但是我知道，不能再继续按照过去的方式经营餐厅了，因为那样做的话，我们就没有去关心这个世界，也没有保护好环境。我曾经和霍皮族印第安人生活在一起，那时候学到的所有智慧都在告诉我，曾经的方式绝对是错误的。"

尼德科夫勒的新菜看随着多洛米蒂山脉的季节而变化，并且按照当地农民数百年的文化传统进行烹制。他的经营方式致力于尊重环境，并且以亲密社交互动为重。事实上，尼德科夫勒已经建立了一个当地的围绕大约 50 名农民的供应链。他去农民的农场拜访他们："当你保留了这种文化，理解了为什么在过去的日子里他们会以这样的方式耕种，这样你就可以在菜单上，以及向客人介绍的时候真正做到诚实地讲好故事。"在烹饪时，尼德科夫勒放弃了橄榄或柑橘类水果，因为它们不是生长在多洛米蒂山脉的高海拔地区。他的菜单印在苹果浆制成的纸上。他从不使用温室培养的蔬菜，也避免任何浪费[15]。尼德科夫勒说："大自然在全年中的不同时期，都会给予你身体和大脑所需的特色食材。大自然决定了我们的菜单，它会在准备好时提供给我们。"

2017 年，圣·胡贝图斯被授予了第三颗米其林星。

很明显，改变我们食物系统的运行轨迹与减缓或逆转气候变化，以及改变我们照顾健康的方式密切相关。实现这项变革是一项艰巨的任务，需要各行各业以及社会各界中勤恳敬业的每个人的共同努力，包括消费者、患者、科学家、企业主、食品行业领导人和政治家。这其中的利害关系从未像现在这样高，这项工作也从未像现在这样紧迫。我们必须同时与公共健康危机、几乎可以肯定未来会发生的流行病、灾难性的气候变化及其对世界各地数十亿人的破坏性影响作斗争。如果不在个人层面从根本上改变人类的主流观念，所有这些努力都不会取得成功。

当我们在杂货店挑选食品时，我们必须要考虑它是如何生产和在哪里生产的，它的生产对农场工人、环境和气候造成了什么影响，以及它对我们的肠道微生物组、最终对我们的身体和大脑的益处有多大。我们需要对存在于多个尺度上的复杂生命网络采取更全面的理解，从我们肠道和土壤中的微生物网络到脑-肠-微生物网络，最终到我们的整个地球网络。如果健康食品体系的全球变革看起来很困难，请记住，这些共同的努力将使我们无须依靠医疗制药工业联合体也能提高活到八九十岁的可能性，还能使我们把整个地球的生态系统继续维持下去。

第 10 章

更健康的食谱大全

在这本书中详细阐述了以植物性为主的饮食对健康的广泛好处，我计划在最后一章将这个知识付诸实践，并将其应用于厨房中。

当我们关注肠道微生物组健康所必需的营养素时，我们就会自动为自己的身体提供足够高质量的常量营养素和微量营养素。当我们给肠道微生物提供各种各样的植物性纤维和多酚时，就不必担心是否摄入足够的蛋白质、维生素和矿物质了。与此同时，当我们专注于吃那些对肠道有益的食物时，我们往往会少吃不健康的食物，减少热量的摄入。

在这里你可以找到适用于一天中每一餐的各种食谱。有些精致复杂，有一些则是速食，比如各种碗装餐和奶昔。对于每一种，我都附上了一张图表，根据不同的营养标准对这顿饭进行排名，这与我们在烹饪书或食品标签上看到的不同。我已经为每一道菜打了一个健康食物指数（HFI），根据肠道菌群可利用碳水化合物（MACs）、多酚、ω-3 脂肪酸（均以克为单位）和卡路里的含量进行评估。HFI=（MACs+ 多酚 +ω-3 脂肪酸）×100÷（卡路里 + 可吸收碳水化合物）。可吸收碳水化合物 = 总碳水化合物 –MACs。

在我的网站上可以找到一份含有大量营养素、总脂肪、总蛋白质和总碳水化合物的清单，以及每道菜的具体多酚含量。以一份标准午餐作为参考，包括芝士汉堡、炸薯条和一杯可乐，其 HFI 为 0.62，与上等肋排配烤土豆的 HFI（0.73）大致相同。与本章第一道菜谱的 HFI 进行比较：蘑菇野生稻米饭的 HFI 是 2.78，而摩洛哥扁豆和鹰嘴豆炖肉的 HFI 是 3.04。不要忘记，以植物性为主的饮食对健康的益处不仅取决于植物性食物的总量，还取决于其种类。种类越多，所滋养的肠道微生物的多样性和丰富性就越高。有关这些食谱营养成分的更多详细信息，请访问我的网站。

一旦你了解了能够量化饮食对健康的促进效果，你就可以根据自己的口味定制食谱了，甚至可能会受到启发去创造新的食谱。例如，除了全麦意大利面，还有许多类型的非小麦意大利面，其纤维含量高，升糖指数低，并且是可持续生产的。同样地，小型鱼类，如鲭鱼、沙丁鱼或凤尾鱼，可以替代海洋食物链中更高位的鱼类，或者你可以选择可持续捕捞的野生三文鱼。

这本书中的一些食谱是由 NeuroTrition 公司的首席执行官兼创始人奥莎·马吉亚尔、安妮·古普塔博士和厨师 AJ 提供的，还有几个食谱是从公开食谱中挑选和修改的，包括巴塔哥尼亚食品。这些资料来源显示在每个食谱的末尾和食谱资源。

我还提供了一些示范性的用餐计划来帮助指导你，但我意识到，改用有时间限制的进餐时间表可能会带来一些挑战，这可能需要改变长期根深蒂固的习惯。根据个人经验，以及与许多成功改用 8 小时进食时间安排的人的讨论，似乎最简单的方法就是晚上八九点以后不要吃东西，并把第二天的第一顿饭推迟到中午或下午一点。如果你想在 6 点吃晚餐，然后在第二天上午 10 点吃早午餐，那也没关系。让限时进食符合你的生活和日程安排非常重要。不过，一般来说，你会一天吃两顿饭，如果需要的话，可以在两餐之间吃一些健康的零食，比如水果、蔬菜或者纤维营养棒。对于许多人来说，这个进餐时间表最大的挑战是在晚餐之后放弃零食和饮料。为了能够做到长期遵守这一个时间表，并且让自己休息一下与朋友和家人一起享受特殊的晚餐，我建议你在完成第一个月的限时进食后，在周末恢复正常的进餐时间。

　　永远要记住，改用这种饮食方式并不是为了对抗超重和肥胖的临时性措施，如果这样想，那只会被下一种流行趋势所取代。西方饮食不仅让我们变胖，而且也是整个公共健康危机的根本原因之一。它的真正问题不是体重增加，而是长期代谢失调导致的后果，包括心血管疾病、癌症、认知能力下降，以及更容易感染传染性疾病。要恢复并努力实现最佳健康，就需要从根本上改变生活方式，这基于我们能认识到身体、肠道、植物和环境的健康都是一个巨大网络中的节点，这个网络依赖于我们内外微生物世界的完整性。为了修复这一全球网络，我们必须承诺终身做出更健康的选择。

食　谱

主菜单 ①

野米蘑菇焖饭

健康食物指数	卡路里	MACs	多酚	ω-3 脂肪酸 / 总脂肪
2.78	427	6.7g	2.477g	0.188

（按照每份的量计算）

---

① 卡路里、MACs、多酚、ω-3 脂肪酸都是每份的量。

4人份的量

1.5 杯[①] 野生稻米、

2 汤匙[②] 特级初榨橄榄油

一根中等大小的葱，纵向切开后，切成薄片

一个黄洋葱，切成片

根据个人口味添加盐、胡椒

一茶匙[③] 姜黄

一茶匙百里香

2 杯蘑菇切片（香菇、羊肚菌、褐菇）

3/4 杯核桃，烘烤后碾碎

2 茶匙刺山柑花蕾（可选）

按照包装说明煮米饭

在平底锅中，用中火加热橄榄油，将青葱和洋葱炒软，大约 7~8 分钟。

加入盐、胡椒、姜黄和百里香。

当香草散发出香味时，将蘑菇放入锅中煮 4~5 分钟，直到变软。

加入核桃，继续用小火煮 2~3 分钟。

加入煮熟的米饭，如果需要的话，加入刺山柑花蕾，继续煮几分钟，让味道融合在一起。从火上取下，即可上桌。

本菜谱由马萨诸塞州的米诺·梅耶贡献

摩洛哥扁豆和鹰嘴豆炖肉，核桃夹心蜜糖配奇亚籽装饰

健康食物指数	卡路里	MACs	多酚	ω-3 脂肪酸 / 总脂肪
3.04	547	17g	0.117g	0.19

（按照每份的量计算）

---

① 1 杯 ≈ 237 毫升 ≈ 226.8 克。——编者注

② 1 汤匙约为 15 克。——编者注

③ 1 茶匙约为 6 克。——编者注

4~6 人份的量

2 汤匙特级初榨橄榄油

1 个黄洋葱

蒜瓣 4 个，切碎

2 茶匙肉桂，磨碎

1 汤匙孜然，磨碎

1/2 茶匙红辣椒片

1 茶匙香菜，磨碎

1/2 茶匙丁香，磨碎

2 茶匙干姜，磨碎

1.5 茶匙海盐

1/4 茶匙黑胡椒

5 杯花椰菜，切成一口大小的块

7 杯菠菜

3/4 杯不含亚硫酸盐的杏干，切丁

28 盎司 ① 的番茄丁罐头

4 杯低钠蔬菜汤或水

1 杯绿扁豆

18 盎司鹰嘴豆罐头，冲洗并沥干

可选装饰：切碎的香菜或其他富含多酚的草本植物，如欧芹

在一个大汤锅里，用中火加热橄榄油。

加入洋葱和大蒜，烹饪 3~4 分钟，直到洋葱半透明。

加入肉桂、孜然、红辣椒片、香菜、丁香、生姜、盐和胡椒，煮 3 分钟。然后加入花椰菜、菠菜、杏子、番茄丁、蔬菜汤和扁豆。

用文火炖，直到扁豆变软但仍然坚韧，大约 45 分钟。

加入鹰嘴豆，再煮 5 分钟。将炖肉用勺加入碗中，上面撒上核桃糖和奇亚籽做装饰（见下页食谱）和可选的香菜。

本菜谱由 NeuroTrition Inc. 贡献

---

① 1 盎司约为 30 毫升。——编者注

核桃夹心蜜糖

健康食物指数	卡路里	MACs	多酚	ω-3 脂肪酸 / 总脂肪
3.26	281	3g	0.047g	0.24

（按照每份的量计算）

4~6 人份的量

1 汤匙特级初榨橄榄油

1 又 1/4 杯生核桃片

1/2 茶匙干姜，磨碎

1/2 茶匙肉桂，磨碎

1 又 1/2 汤匙纯枫糖浆

1/2 汤匙芝麻籽

一小撮海盐

在平底锅中用中火加热橄榄油。加入核桃、生姜和肉桂，搅拌至均匀。

在核桃上洒上枫糖浆，然后在上面撒上奇亚籽和海盐。在炉灶上加热 5 分钟，经常搅拌防止糊底。

从平底锅中取出核桃，放在烤盘上冷却 5 分钟。冷却后拿出成品。

本菜谱由 NeuroTrition Inc. 贡献

烤海鲈鱼配花椰菜炒米饭

健康食物指数	卡路里	MACs	多酚	ω-3 脂肪酸 / 总脂肪
1.62	378	5.3g	0.08g	0.03

（按照每份的量计算）

4 人份的量

花椰菜炒米饭：

1 汤匙橄榄油

1/4 杯红洋葱，切成丁

2 茶匙大蒜，切碎

1 茶匙黑胡椒籽或孜然籽

1/3 杯胡萝卜，切成丁

3 杯新鲜花菜，切碎

1/3 杯低钠蔬菜汤

1/2 杯洋蓟心罐头，四等分

1 杯羽衣甘蓝，去茎，切成一口大小的块

1/4 杯生杏仁，切碎

1/4 杯新鲜椰子肉

2 汤匙新鲜香草（香葱、百里香、欧芹）切碎

调味汁：

1 茶匙椰子油

新鲜生姜和姜黄各 1 茶匙，切碎

1/4 茶匙辣椒面

1/2 杯李子，切片

1 茶匙酱油

1/2 杯不加糖的椰子酸奶作为替代

海盐和胡椒，调味

鱼：

4 条 5 盎司的鲈鱼

海盐和胡椒，调味

2 茶匙特级初榨橄榄油

可选装饰：火麻仁、西兰花芽

在一个中等大小的平底锅里，用中火把油烧热。加入洋葱、大蒜和黑胡椒籽，炒 5 分钟，直到闻到香味。

加入胡萝卜，将火调小，然后煮 5 分钟，使胡萝卜变软。

加入切碎的花椰菜，炒 5 分钟，然后加入蔬菜汤，炖 5 分钟，直到蔬菜汤变少，蔬菜变软，然后放在一边准备鱼和调味汁。

制作酱汁，在一个小锅里加热椰子油直到融化，加入生姜、姜黄和辣椒面，加

热到有香味。加入李子和酱油，继续加热，等待李子释放出汁液，大约需要 3~5 分钟。

加入椰子酸奶，用盐和新鲜胡椒调味。盖上盖子，放在一边。

用盐和胡椒给鱼片调味，在煎锅里热油，直到油闪闪发光。

将鱼轻轻地放入锅中，用中火煮 8 分钟，然后给鱼翻面，继续煮 8 分钟（或者直到鱼身变硬，触摸时鱼肉会裂开）。

最后，重新加热花椰菜米饭，然后加入洋蓟、羽衣甘蓝、杏仁和椰子肉。加热至羽衣甘蓝缩成一团。

加入新鲜的香草，用盐和胡椒调味。

用勺子把米饭放在盘子上，上面放上鲈鱼，然后用勺子把酱汁洒在鱼上。如果装饰用的是火麻仁和西兰花芽，在上桌前加在酱汁上。

本菜谱由 NeuroTrition Inc. 贡献

牧羊人派改良版

健康食物指数	卡路里	MACs	多酚	ω-3 脂肪酸 / 总脂肪
2.75	341	10g	0.088g	0.006

（按照每份的量计算）

4 人份的量

2 个亚洲甜红薯

1 汤匙特级初榨橄榄油

1 茶匙新鲜生姜，磨碎

1 茶匙大蒜，切碎

1/2 杯红洋葱，切碎

1/2 杯胡萝卜，切丁

1 杯黄油南瓜，切丁

1/2 杯蘑菇，四等分

1/2 茶匙韩国辣椒面

1 汤匙鹰嘴豆味噌酱

1 又 1/2 茶匙韩国辣酱

1 杯低钠蔬菜肉汤

1 杯纳帕卷心菜（中国大白菜），切碎

1 杯日本茄子，切丁

1/2 杯植物泡菜，切成一口大小的块

1/2 杯生核桃

1 杯煮熟的小扁豆

3 个小白菜，纵向切成 4 份（如果大的话，切成 6 份）

1 根大葱，切成 1 英寸长，为 2.54 厘米

4 茶匙日本酱油，分多次使用

1/2 茶匙生姜

1/4 茶匙芝麻油

1 茶匙芝麻

可选装饰：黑芝麻、火麻仁、切碎的香葱

烤箱预热到 177 摄氏度，把红薯切开，烤 1 小时，直到变软，同时做牧羊人派的馅料。

用中火把锅里的油烧热，然后将生姜、大蒜和洋葱炒香。

加入胡萝卜、南瓜和蘑菇，炒 5 分钟。

加入辣椒面、味增酱和辣椒酱，煮 5 分钟，以释放出味道。

加入蔬菜汤，炖 10 分钟，直到蔬菜开始变软。

加入卷心菜和茄子，继续煮，直到变软。

把火调小，加入泡菜、核桃、熟扁豆、白菜和大葱，炖 10 分钟，直到变软。

用 2 茶匙酱油调味（或根据自己的口味增减）。

将完成的食材分入 4 个 10 盎司的耐热砂锅中，在准备红薯的时候放在一边。

去掉红薯的皮，用叉子捣碎，然后用剩下的酱油、生姜、芝麻油和芝麻调味。

将红薯混合物均匀地涂在炖菜上，放回烤箱中烘烤 10 分钟，然后将所有东西加热。

用黑芝麻、火麻仁和香葱装饰。

本菜谱由 NeuroTrition Inc. 贡献

意大利面

沙丁鱼意大利面

健康食物指数	卡路里	MACs	多酚	ω-3 脂肪酸 / 总脂肪
3.72	458	16g	0.135g	0.06

(按照每份的量计算)

4 人份的量

8 盎司毛豆意大利面

3 汤匙特级初榨橄榄油

1 个大洋葱，切碎

1 个球茎茴香，切碎

1 汤匙辣椒

1 汤匙茴香籽

8 盎司无骨去皮沙丁鱼

2 杯西红柿，切片

6 盎司白葡萄酒

1/2 杯水

1 汤匙百里香

盐和胡椒调味

2 汤匙切碎的香葱

按照说明煮意大利面，沥干，放在一边。

在一个大平底锅中用中火加热橄榄油。

加入洋葱、茴香、辣椒和茴香籽，约煮 5 分钟，直到洋葱变软。

加入一半沙丁鱼，搅拌均匀。

加入西红柿。

加入葡萄酒和半杯水。

撒上百里香、盐和胡椒，然后搅拌均匀。

加入剩下的沙丁鱼，用小火炖 7~8 分钟，收汁。

将煮好的意大利面与酱汁一起放入平底锅中，轻轻搅拌使酱汁包裹意大利面。撒上香葱，即可食用。

本菜谱改编自杰米·奥利弗的《杰米的意大利》

花椰菜阿尔弗雷多酱意大利面加自制腰果奶酪

健康食物指数	卡路里	MACs	多酚	ω-3 脂肪酸 / 总脂肪
2.06	478	10.7g	0.03g	0.004

（按照每份的量计算）

4 人份的量

8 盎司全谷物（无麸质，如果需要的话）意大利宽面或意大利面条

4 杯蒸花椰菜

1 整瓣大蒜

1 茶匙洋葱粉

1/2 茶匙海盐

胡椒

1 杯自制腰果奶酪（见下面食谱），或商店购买

1/2 杯植物奶

3 汤匙特级初榨橄榄油

1 杯冷冻豌豆

可选装饰：新鲜欧芹、火麻仁、胡椒

将水烧开，按照包装上的说明煮意大利面，直到煮至略硬，不可过熟，保持一定口感。

在煮意大利面时，把花椰菜、大蒜、洋葱粉、海盐和胡椒、腰果奶酪、植物性牛奶和 2 汤匙橄榄油混合在搅拌器里，做阿尔弗雷多酱。高速搅拌，直至酱如奶油般柔滑。如果需要的话，适当调整一下调味料。

酱汁煮好后，在一个中等大小的平底锅中用中火加热 1 汤匙橄榄油。加入豌豆，煮 3~5 分钟，直到变热。

在豌豆中加入花椰菜阿尔弗雷多酱，然后在酱汁中搅拌面条，立即上桌。

如果需要，可以用切碎的欧芹、火麻仁和新鲜的胡椒装饰。

自制腰果奶酪

可制作 8 盎司

1 杯生无盐腰果。
2 杯开水
1/4 杯过滤后的室温水
1 粒益生菌胶囊

将腰果放入一个玻璃碗中，加入沸水至完全覆盖。浸泡 2 小时，然后冲洗并沥干。

将腰果加入搅拌机中，以高速搅拌直到光滑，加入大约 1 汤匙的室温过滤水，以帮助获得光滑的稠度。

打开益生菌胶囊，将里面的东西撒进混合的腰果中，再搅拌一次，直到完全融合。

转移到一个玻璃碗里，用毛巾盖住，然后把它放在烤箱里，整晚开着烤箱的灯。

注：这种腰果奶酪可以在冰箱的密闭容器中保存一个月。

本菜谱由 NeuroTrition Inc. 贡献

海鲜意大利面

健康食物指数	卡路里	MACs	多酚	ω-3 脂肪酸 / 总脂肪
2.63	354.5	8.7g	0.017g	0.062

（按照每份的量计算）

4 人份的量

8 盎司全麦意大利面
2 汤匙特级初榨橄榄油

2 杯韭菜（仅浅绿色和白色部分），切碎

2 个中等大小的甜椒，洗净后切成薄片或正方形

2 瓣大蒜，切碎

1 又 1/2 杯樱桃番茄，切成两半

2 汤匙切碎的香草，如香菜、百里香和香葱

2 汤匙刺山柑花蕾，冲洗并沥干

1 个柠檬，去皮

1 罐烟熏贻贝

3 盎司烟熏野生三文鱼，切成小块（丢弃汁液和外皮）

盐和鲜磨胡椒

在一个大平底锅里，烧开水，按照包装说明煮意大利面。

沥干水分，然后放在一边。

在一个大煎锅里，用中火加热 2 汤匙橄榄油。

加入切碎的大葱、甜椒和一小撮盐，煮 3~4 分钟。

加入蒜末，用中火继续炒约 2 分钟。

加入西红柿和香草，煮 3~4 分钟，直到西红柿变软。

加入刺山柑花蕾和柠檬皮。

在平底锅中加入煮熟的意大利面，轻轻搅拌至酱料覆盖均匀。

在意大利面中加入贻贝（包含其液体）和三文鱼。

继续煮几分钟。

按需调味，尽情享受。

本菜谱由马萨诸塞州的米诺·迈耶贡献

蘑菇意大利面

健康食品指数	卡路里	MACs	多酚	ω-3 脂肪酸 / 总脂肪
2.18	268	5.9g	0.07g	0.013

（按照每份的量计算）

4 人份的量

1 个中等大小的意大利南瓜（带子儿）

2 汤匙特级初榨橄榄油

1 个中等大小的黄色洋葱，切片

1 个小韭菜，切成薄片（仅限白色和浅绿色部分）

1 汤匙生姜

1/2 茶匙丁香

1 茶匙柠檬胡椒调味料

1 茶匙辣椒（可选）

1 又 1/2 杯蘑菇，切片

1 又 1/2 杯新鲜西红柿，切片

2 杯西兰花，切成小块

1/2 杯烤南瓜子

盐和胡椒调味

把意大利南瓜切成两半，去掉籽，用纸巾把每一半包起来。

将两半放入微波炉中加热约 8 分钟。

做好后，放在微波炉里冷却 5 分钟，然后取出。

在炉上料理意大利南瓜：在平底锅里，用中火加热橄榄油，然后加入洋葱和大葱。

洋葱炒至半透明，约需 5~7 分钟。

加入香料（生姜、丁香、柠檬胡椒、辣椒）直至香味扑鼻。

加入蘑菇，炒至变软，约需 3 分钟。

加入西红柿和西兰花，用中低火煮 5~6 分钟，直到西兰花变软。

用叉子将意大利南瓜加入蔬菜混合物中，轻轻搅拌。

加入盐和胡椒调味。

在上面撒上烤过的南瓜子，就可以上桌了。

本菜谱由马萨诸塞州的米诺·迈耶贡献

核桃杜卡面包三文鱼配柠檬甘蓝

健康食物指数	卡路里	MACs	多酚	ω-3 脂肪酸 / 总脂肪
3.5	264	2.8g	0.04g	0.32

（按照每份的量计算）

4 人份的量

1/4 杯生核桃

胡椒粉和海盐各 1/2 茶匙

2 茶匙孜然籽

1 茶匙茴香籽

1/4 茶匙香菜粉

3 汤匙芝麻

4 片 6 盎司的野生三文鱼柳

将烤箱预热到 177 摄氏度，在烤盘上铺上烘焙纸。

要做杜卡面包，除了三文鱼之外，把所有的配料都放到食品加工机或搅拌机里。搅拌，直到核桃片被捣碎。

将煎锅用中火加热。将杜卡烤 3~5 分钟，或者烤到有坚果的香味。如果烤后不立即使用，将其从煎锅中取出并转移到能安全加热的盘子里。

将三文鱼皮那面朝下放在准备好的烤盘上。将核桃仁均匀地放在三文鱼鱼片上，轻轻地压在三文鱼的肉上，让它粘在上面。

烘烤 15~20 分钟，或者当用叉子划鱼时，鱼很容易裂开为止。

和柠檬甘蓝一起上桌 (见下面食谱)。

柠檬羽衣甘蓝

4 人份的量

2 汤匙特级初榨橄榄油

4~5 瓣大蒜，切碎

2 大束羽衣甘蓝，去掉木质的茎，大致切碎

1/4 茶匙黑胡椒

1/4 茶匙海盐

2 汤匙柠檬汁

在一个大煎锅或大酱锅中，用中火加热油。加入大蒜，炒 1 分钟。

加入羽衣甘蓝、胡椒、海盐和柠檬汁，炒至羽衣甘蓝卷曲变绿，约需 3~4 分钟。如果需要，可以用盐、胡椒和额外的柠檬汁来调整调味料。做好后马上上菜吧。

本菜谱由 NeuroTrition Inc. 贡献

墨西哥玉米碗配酸奶香菜调味汁

健康食物指数	卡路里	MACs	多酚	ω-3 脂肪酸 / 总脂肪
3.5	264	2.8g	0.04g	0.32

（按照每份的量计算）

4 人份的量

墨西哥玉米碗：

1 杯糙米

2 汤匙鳄梨油

1 个白洋葱，切成小块

4 瓣大蒜，切碎

1 汤匙孜然粉

1/4~1/2 茶匙辣椒面

28 盎司罐装西红柿丁

1 杯有机冷冻玉米

2 杯熟黑豆

1 个酸橙汁

1 茶匙海盐

胡椒调味

4 杯带有苦味的绿色蔬菜，如芝麻菜、菠菜或按摩（揉搓）后的羽衣甘蓝酸奶香菜调味汁：

7 盎司椰子酸奶

1/2 束香菜或欧芹

一小撮海盐

新鲜墨西哥辣椒（可选）

装饰：

1 个墨西哥辣椒，切成薄片

2 个鳄梨，切片

按照包装说明煮糙米（通常需要 35 分钟）。

在一个大煎锅里，用中火加热鳄梨油。加入洋葱，煮 5 分钟，然后加入大蒜、孜然和辣椒面，煮 3 分钟。

加入番茄罐头、玉米、黑豆、酸橙汁、盐和胡椒。

煮到大部分番茄汁蒸发 (5~10 分钟)。

在烹调豆类混合物的同时，制作酸奶香菜调味汁：将椰子酸奶、香菜和一小撮盐（如果使用的话，还有墨西哥辣椒）混合在搅拌器中，高速搅拌，直到变得光滑。

上桌时，把米饭放在一个碗里，里面有豆子和玉米，还有新鲜的苦味蔬菜，装饰着切片鳄梨和墨西哥辣椒，然后淋上调味汁。

本菜谱由 NeuroTrition Inc. 开发

菠菜芝士煎饼

健康食物指数	卡路里	MACs	多酚	ω-3 脂肪酸 / 总脂肪
3.5	264	2.8g	0.04g	0.32

（按照每份的量计算）

4 人份的量

3 汤匙特级初榨橄榄油

1 个韭菜，仅限白色和浅绿色部分，纵向切成两半，冲洗，横向切成薄片

1 个中等大小的洋葱，切成薄片

2 杯西红柿，切片

3/4 茶匙海盐

鲜磨胡椒

1/2 茶匙姜黄

1 汤匙鲜磨生姜

2 杯轻包装菠菜，不要切太碎

4 个大鸡蛋，打好

3 盎司山羊奶酪

装饰：

1 个鳄梨，切成薄片

1/4 杯切好的新鲜茴香

3 茶匙切碎的香葱

半个柠檬皮屑

在一个 10 英寸（约 25 厘米）的平底锅中，倒入油，用中火加热。

加入大葱和洋葱，炒至柔软透明，约需 5 分钟。

加入西红柿、盐、胡椒、姜黄和生姜，再煮 4 分钟。

加入菠菜，搅拌至叶子卷曲。

加入鸡蛋混合物，大约一分钟后，调至中小火。

在煎蛋卷中加入山羊奶酪，直到鸡蛋凝固，需要 5~6 分钟。

把煎蛋卷放到盘子里，上面放上鳄梨切片、茴香、香葱和柠檬皮屑。

本菜谱由马萨诸塞州的米诺·迈耶贡献

面包糠炸鸡配蔬菜

健康食物指数	卡路里	MACs	多酚	ω-3 脂肪酸 / 总脂肪
1.80	299	5g	0.012g	0.039

（按照每份的量计算）

4 人份的量

2 汤匙特级初榨橄榄油

盐和胡椒

1/2 茶匙丁香

3/4 杯面包屑

4 份有机散养鸡排（薄鸡胸肉）

1 个洋葱，切片

2 根葱，切片

4 瓣大蒜，切碎

3 杯西兰花小花

3 杯花椰菜小花

1/2 杯鸡汤或水

2 茶匙干牛至

2 茶匙新鲜百里香

1 个柠檬汁

新鲜切碎的香菜作为装饰

在平底锅中用中高火加热橄榄油。在炸鸡肉之前，要确保油是热的。

在面包糠中加入约 1/2 茶匙盐、1/2 茶匙胡椒和丁香，搅拌均匀。

将每个鸡排轻轻放入面包屑中，搅拌后在平底锅中各煎约 2 分钟，直到它们呈金黄色。

从平底锅中取出鸡肉，放在盘子里。

在平底锅中，加入少许橄榄油，用中火加热。

将洋葱和葱炒 3~4 分钟。

在平底锅中加入大蒜，炒一分钟。

加入西兰花、花椰菜和鸡汤或水。

撒上盐和胡椒。

将鸡排放入蔬菜混合料中。

在柠檬汁中加入牛至和百里香，浇在鸡肉上。

煮 5~7 分钟，直到鸡肉温度达到 71 摄氏度左右。

加入香菜用作装饰。

本菜谱由马萨诸塞州的米诺·迈耶贡献

花椰菜鹰嘴豆蒸粗麦粉

健康食物指数	卡路里	MACs	多酚	ω-3 脂肪酸 / 总脂肪
1.95	487	10.5g	0.06g	0.02

（按照每份的量计算）

4 人份的量

3 汤匙特级初榨橄榄油

1 个中等大小的黄色洋葱，切碎

黄色和橙色的甜椒各 1 个，去籽、去茎，切成中等大小的正方形

3 杯花椰菜

1/2 茶匙孜然粉

姜黄粉和干百里香

1 汤匙新鲜姜末

2 茶匙肉桂粉或一小撮你最喜欢的红辣椒面

2 杯新鲜番茄片或温和的莎莎酱

1/2 杯水或肉汤

1 罐有机鹰嘴豆

3 汤匙柠檬汁

1/2 杯香菜或欧芹

1 又 1/2 杯生蒸粗麦粉

盐和胡椒

在一个大锅里用中火加热 2 汤匙的油。

加入洋葱，偶尔搅拌，直到洋葱金黄软嫩，大约 5 分钟。

加入辣椒、花椰菜、香料和新鲜西红柿，约炒 3 分钟。

加入半杯水或肉汤。

用中火煮 7~8 分钟。

加入鹰嘴豆，加水。

用小火大约炖 5 分钟，直到花椰菜变软，但仍然有硬度。

加入柠檬汁和大部分香菜或欧芹（剩下的用作装饰）。

鹰嘴豆混合物在炖的时候：把粗麦粉放进一个中等耐热的碗里。

加入 1 汤匙油、1/2 茶匙食盐和几颗黑胡椒碎。

之后加入 1 又 1/2 杯开水搅拌。

盖上盖子，静置 8~10 分钟。

用叉子搅蓬松。

用勺子将粗麦粉放入碗中，上面撒上蔬菜，再用香菜或欧芹装饰。

本菜谱由马萨诸塞州的米诺·迈耶贡献

芝士菠菜

健康食物指数	卡路里	MACs	多酚	ω-3 脂肪酸 / 总脂肪
1.04	550	3.3g	0.1g	0.05

（按照每份的量计算）

4 人份的量

1 磅（约 450 克）菠菜，切碎

2 茶匙干芫荽

4 汤匙酥油（如果没有，请使用特级初榨橄榄油）

12 盎司软干酪，切成 1/2 英寸（约 1 厘米）的方块

1 个黄洋葱，切碎

2 瓣大蒜，切碎

1 茶匙切碎的新鲜生姜

2 茶匙孜然

2 茶匙葛拉姆马萨拉（一种印度香料）

1/2 茶匙姜黄

1/4 茶匙辣椒

1/4 茶匙海盐

1 又 1/2 杯椰奶

将菠菜和干芫荽放入沸水中煮 2~3 分钟。

充分滤干，在切碎菠菜之前尽可能多地挤出水分。

将酥油放入平底锅中，将煎饼块炒至浅棕色，然后从平底锅中取出。

在酥油中加入洋葱、大蒜和生姜，用中火搅拌，直到收缩和半透明。

加入菠菜、孜然、葛拉姆马萨拉、姜黄、辣椒、海盐、椰奶（或奶油）。

不盖锅盖煮 10~15 分钟，或者直到椰奶（或奶油）煮熟，形成浓浓的绿色菠菜酱。

本菜谱由阿尔帕纳·古普塔博士撰写

超级碗

动力碗

健康食物指数	卡路里	MACs	多酚	ω-3 脂肪酸 / 总脂肪
3.8	199	5.43g	0.39g	0.31

（按照每份的量计算）

1 人份的量

2 汤匙燕麦片

1 茶匙亚麻籽

1 茶匙无盐烤葵花籽

1 茶匙奇亚籽

1 茶匙生麻籽

1 茶匙南瓜子

1/4 杯未过滤的苹果汁

1/2 杯植物奶

2 盎司时令浆果（蓝莓、草莓、覆盆子、黑莓）

在一个中等大小的碗里，混合燕麦和谷物。倒入未过滤的苹果汁和植物奶，然后搅拌。上面撒上浆果，尽情享用。

本菜谱由马萨诸塞州的米诺·迈耶贡献

热带碗

健康食物指数	卡路里	MACs	多酚	ω-3 脂肪酸 / 总脂肪
3.34	300.8	6.9g	1.28g	0.42

（按照每份的量计算）

1 人份的量

1 茶匙巴西莓粉

1 茶匙枸杞干

1 茶匙新鲜或干燥的毛酸浆果

1 个新鲜的椰枣，切成小块

1 茶匙奇亚籽

1 茶匙可可粉

1 茶匙生麻籽

1/2 杯不加糖的植物奶或植物酸奶

1/4 杯未经过滤的不加糖苹果汁

1 个新鲜无花果，切片

1 片新鲜菠萝，切成小块

1 片新鲜芒果，切成小块

在一个中等大小的碗里，加入前 7 种配料。倒入植物奶和未过滤的苹果汁，然后搅拌。上面撒上水果，尽情享用。

本菜谱由马萨诸塞州的米诺·迈耶贡献

纤维碗

健康食物指数	卡路里	MACs	多酚	ω-3 脂肪酸 / 总脂肪
4.0	330.75	9.13g	0.75g	0.47

（按照每份的量计算）

1人份的量

1片波罗蜜罐头，切成小块

1汤匙奇亚籽

1汤匙古代谷物薄片

1个白色燕麦麸

1汤匙生麻籽

1/2杯开菲尔或不加糖的植物酸奶

1/4杯未经过滤的不加糖苹果汁

1/2个苹果，切成小块

2颗西梅干，切成小块

在一个中等大小的碗里，将波罗蜜与奇亚籽、谷片、燕麦麸和生麻籽搅拌在一起。加入开菲尔或酸奶和未过滤的苹果汁搅拌。上面撒上水果，尽情享用。

本菜谱由马萨诸塞州的米诺·迈耶贡献

多酚碗

健康食物指数	卡路里	MACs	多酚	ω-3 脂肪酸 / 总脂肪
3.9	208.9	5.79g	0.32g	0.28

（按照每份的量计算）

1人份的量

1茶匙枸杞干

1茶匙奇亚籽

1茶匙烤南瓜子

1茶匙烤葵花籽

1汤匙坚果（榛子、山核桃或核桃）

1汤匙燕麦麸

1茶匙可可粉

1茶匙马奎粉（可选）

1 茶匙卡姆果粉（可选）

1/2 杯火麻仁牛奶或不加糖的植物酸奶

1/4 杯未经过滤的不加糖苹果汁

1 汤匙时令水果（有机蓝莓、草莓、树莓、黑莓、李子、石榴、酸毛浆果）

在一个中等大小的碗里，加入前 9 种配料。倒入火麻仁牛奶或植物酸奶和未过滤的苹果汁，然后搅拌。上面撒上水果，尽情享用。

本菜谱由马萨诸塞州的米诺·迈耶贡献

水果燕麦碗

健康食物指数	卡路里	MACs	多酚	ω-3 脂肪酸 / 总脂肪
5.15	414	13.9g	0.694g	0.26

（按照每份的量计算）

1 人份的量

2 汤匙奇亚籽

2 汤匙燕麦片

1 茶匙香草精

1 杯植物奶

1/2 杯你最喜欢的水果（苹果、香蕉、桃子），切成小块

1/4 杯核桃，切碎

1/2 茶匙肉桂

1 汤匙可可（可选）

在搅拌机中，混合芝麻籽、燕麦、香草和植物奶。

将混合物倒入碗中，盖上盖子，冷藏几个小时或一夜。

在上面撒上水果、核桃、肉桂和可可（如果需要的话），尽情享用。

本菜谱由马萨诸塞州的米诺·迈耶贡献

谷物冻糕

健康食物指数	卡路里	MACs	多酚	ω-3 脂肪酸 / 总脂肪
3.98	542	18.8g	0.591g	0.15

（按照每份的量计算）

1 人份的量

1 杯不加糖的植物酸奶

1 汤匙奇亚籽

1 汤匙亚麻籽

1/2 杯烤燕麦

2 汤匙磨碎的烤杏仁

1/2 杯蓝莓

1/2 茶匙可可

1/2 茶匙肉桂

在一个中等大小的碗中，将酸奶与芝麻籽和亚麻籽混合。

加入烤燕麦和杏仁。

加入蓝莓，在上面撒上可可和肉桂。

本菜谱由马萨诸塞州的米诺·迈耶贡献

冰沙

石榴巧克力冰沙

健康食物指数	卡路里	MACs	多酚	ω-3 脂肪酸 / 总脂肪
3.8	292	12.1g	0.61g	0.09

（按照每份的量计算）

2 人份的量

8 盎司无糖杏仁奶

4 盎司石榴汁

6 盎司有机小菠菜

1 根冷冻的熟香蕉

2~3 颗枣，根据个人口味增减

3 汤匙可可粉

2 杯冷冻蓝莓

1 汤匙磨碎的亚麻籽（可选）

将所有配料放入大功率搅拌器中搅拌至混合均匀。

本菜谱由厨师 AJ 贡献

芒果生姜探戈

健康食物指数	卡路里	MACs	多酚	ω-3 脂肪酸 / 总脂肪
1.4	370	6g	0.256g	0.4

（按照每份的量计算）

1~2 人份的量

1 杯冷冻芒果块

1 又 1/2 杯未经过滤的有机苹果汁

1 根香蕉

1/2 汤匙姜末

1 茶匙肉桂粉

在搅拌机中，混合所有原料，直到混合均匀。

本菜谱由马萨诸塞州的米诺·迈耶贡献

绿色能量饮料

健康食物指数	卡路里	MACs	多酚	ω-3 脂肪酸 / 总脂肪
3.4	255	7.75g	0.01g	0.06

（按照每份的量计算）

1~2 人份的量

1 杯亚麻籽奶或火麻仁奶

1/2 杯冷冻菠菜

1/2 鳄梨

1/2 杯香菜

1 茶匙姜末

1/2 茶匙磨碎的丁香

1/2 茶匙黑胡椒粉

薄荷叶（可选）

在搅拌机中，混合所有原料，搅拌至混合均匀。

本菜谱由马萨诸塞州的米诺·迈耶贡献

浆果幻想

健康食物指数	卡路里	MACs	多酚	ω-3 脂肪酸 / 总脂肪
4.0	264	11.3g	0.49g	0.09

（按照每份的量计算）

2 人份的量

1 根香蕉

1 杯冷冻草莓

1 杯冷冻蓝莓

1 杯冷冻树莓

1/2 杯植物酸奶

2 又 1/2 杯亚麻籽奶或火麻仁奶

1 茶匙肉桂粉

在搅拌机中，混合所有原料，搅拌至混合均匀。如果混合物太浓稠，你可以加入更多的植物奶并搅拌。

本菜谱由马萨诸塞州的米诺·迈耶贡献

沙拉

古代谷物沙拉

健康食物指数	卡路里	MACs	多酚	ω-3 脂肪酸 / 总脂肪
2.9	306	10.3g	0.048g	0.013

（按照每份的量计算）

2 人份的量

1/2 杯红色谷物

1/2 杯沸水

1 杯罐装鹰嘴豆

1/2 杯葱，切成葱花

1 杯西红柿，切成小块

2 汤匙柠檬汁

盐和胡椒

1 茶匙意大利调味料

1/4 杯欧芹，切碎

将鸡肉和开水混合，浸泡约一个小时。

充分排水，挤出多余的水分。

在一个大碗里，把鹰嘴豆加入切碎的蔬菜中。

在混合物中加入葱、西红柿、柠檬汁、盐、胡椒、香料和欧芹，搅拌均匀。

本菜谱由马萨诸塞州的米诺·迈耶贡献

烩紫甘蓝

健康食物指数	卡路里	MACs	多酚	ω-3 脂肪酸 / 总脂肪
3.1	210	7g	0.176g	0.02

（按照每份的量计算）

4 人份的量

2 汤匙特级初榨橄榄油

1 个大的黄洋葱，切成薄片

2~3 个酸苹果，如格兰尼史密斯苹果，去核、去皮、切片

1 个大的紫甘蓝，去芯，四等分，切成薄片

1/2 杯水或鸡汤

1/2 杯红酒

盐和胡椒

1/2 茶匙丁香

1 茶匙百里香

在锅里加入橄榄油，用中火加热。

加入洋葱，炒几分钟，直到变软。

加入苹果，继续炒几分钟，加入紫甘蓝和水（或鸡汤），用中火煮沸。

加入红酒，用盐、胡椒、丁香和百里香调味。

搅拌，将火降至中小火，盖上锅盖。

烹饪时经常搅拌，直到紫甘蓝变软，30~40 分钟。

本菜谱由马萨诸塞州的米诺·迈耶贡献

菠菜西兰花沙拉配酸菜调味汁

健康食物指数	卡路里	MACs	多酚	ω-3 脂肪酸 / 总脂肪
3.6	399	13g	0.456g	0.04

（按照每份的量计算）

2 人份的量

沙拉：

2 杯嫩菠菜

1/2 杯樱桃番茄，切成两半

1 个鳄梨，去皮后切成小块或正方形

2 汤匙羊乳酪

1/2 杯去壳毛豆

一把切碎的香菜

2 杯蒸熟的花椰菜

调味汁：

2 汤匙特级初榨橄榄油

2 汤匙酱油

1/2 杯酸菜汁

新鲜胡椒粉

将所有沙拉原料放入一个大碗中。

在一个小碗里，将所有调味料搅拌在一起。

将调味汁倒在沙拉上，然后搅拌。即可食用。

本菜谱由马萨诸塞州的米诺·迈耶贡献

大蒜羽衣甘蓝恺撒沙拉配亚麻籽油炸面包丁

健康食物指数	卡路里	MACs	多酚	ω-3 脂肪酸 / 总脂肪
2.0	428	5.85g	0.21g	0.08

（按照每份的量计算）

4~6 人份的量

沙拉：

2 大束羽衣甘蓝，去掉茎，切成一口大小的块

3 汤匙冷榨亚麻籽油

1/4 茶匙海盐

调味汁：

4 瓣大蒜，切碎（约 1 汤匙）

1 茶匙凤尾鱼酱

1 茶匙刺山柑

1 茶匙腌渍刺山柑的盐水

1/4 茶匙黑胡椒

1/4 杯柠檬汁，分成两份

2 个有机蛋黄

1/2 茶匙海盐

1 茶匙芥末粉

1/4 杯特级初榨橄榄油

1/3 杯鳄梨油

除了橄榄油、鳄梨油和半份柠檬汁，将其他所有调味料放入食品加工机。用中低档搅拌，直到形成糊状（30~60 秒）。

在食品加工机低速运转的情况下，逐渐地将这两种油滴入混合物中，直到油和蛋黄的混合物乳化，形成一个浓稠的调味汁。加入剩余柠檬汁，如果需要的话，用更多的盐或胡椒调味。

接下来，将切碎的羽衣甘蓝、亚麻籽油和海盐混合到一个大碗里。

用干净的手，将油和盐按摩到羽衣甘蓝中，直至其开始变软。

将腌制的羽衣甘蓝和适量的恺撒酱混合在一起。

为了增加纤维、多酚和 ω-3 脂肪酸的含量（同时增加一些松脆的口感），在上面撒上亚麻籽面包片（见下面食谱）。

亚麻籽面包丁

1 杯金色或棕色亚麻籽粉

1/4 杯椰子粉

1 茶匙小苏打

1/2 茶匙海盐

1/4 茶匙干百里香

3 个有机鸡蛋

1/2 杯水

4 瓣大蒜，切碎（约 1 汤匙）

1/4 杯 +2 汤匙特级初榨橄榄油（分开）

将烤箱预热到 177 摄氏度，在烤盘上铺上烘焙纸。

在一个中等大小的碗里，混合亚麻籽粉、椰子粉、小苏打、海盐和百里香。在另一个碗中，将鸡蛋、水、大蒜和 1/4 杯橄榄油搅拌在一起。

将湿配料和干配料混合均匀。让混合物静置 5 分钟，使其变稠。

将混合物转移到准备好的烤盘上，摊成 1/2 英寸（1.27 厘米）厚的长方形。没有必要把它铺在整个烘焙板上。烘焙 20 分钟或直至略硬。在切成 1 英寸（2.54 厘米）的方块之前，让它冷却。

把烤箱调至 177 摄氏度，把面包丁放在烤盘上，淋上 2 汤匙橄榄油。烤 10~15 分钟，视你想要的松脆程度而定。

本菜谱由 NeuroTrition Inc. 开发

尼斯沙拉

健康食物指数	卡路里	MACs	多酚	ω-3 脂肪酸 / 总脂肪
2.0	469	4.3g	0.260g	0.13

（**按照每份的量计算**）

4 人份的量

沙拉：

1 个中等大小的红薯，去皮，切成 1/4 英寸（0.635 厘米）到 1/2 英寸（1.27 厘米）厚的圆形

1 汤匙鳄梨油

1/4 茶匙海盐

2 杯煮熟的青豆

1 杯樱桃番茄，切成两半

1/2 杯尼斯橄榄，去核并切成两半

4 杯芝麻菜

2 罐沙丁鱼，沥干水分

4 个有机鸡蛋，煮至半熟或全熟，切成两半

调味汁：

1/2 汤匙颗粒状芥末

1 又 1/2 汤匙生苹果醋

2 汤匙柠檬汁

1 瓣大蒜，切碎

1/4 杯欧芹，去茎，叶切碎

1/4 茶匙海盐

1/4 茶匙黑胡椒

1/4 杯特级初榨橄榄油

2 汤匙冷榨亚麻籽油

将烤箱预热到 177 摄氏度，在烤盘上铺上烘焙纸。

在一个中等大小的碗中，将红薯、鳄梨油和盐搅拌在一起，然后转移到准备好的烤盘上。烘烤 15~20 分钟，或者用叉子戳后感觉红薯变软。

在烤土豆的时候，做沙拉酱。在一个中等大小的碗里加入芥末、醋、柠檬汁、大蒜、欧芹、海盐和胡椒，一起搅拌，并慢慢地淋上橄榄油和亚麻籽油，直到所有的调味料都混合在一起。

在一个大碗里，把土豆、青豆、西红柿、橄榄和芝麻菜混合在一起，然后用所需的调味料搅拌。将沙拉平均分到 4 个碗中，然后在每一碗上放上 1/4 的沙丁鱼和一个切开的煮鸡蛋。如果需要的话，可以用黑胡椒装饰。

本菜谱由 NeuroTrition Inc. 开发

黄油生菜、鳄梨、柑橘沙拉

健康食物指数	卡路里	MACs	多酚	ω-3 脂肪酸 / 总脂肪
4.0	253	8.92g	0.18g	0.14

（按照每份的量计算）

2~3 人份的量

沙拉：

8 盎司奶油生菜，撕碎

1 根波斯黄瓜，切成薄片

1 杯西红柿，切片

2 个橙子，去皮切成小块

2 个富士苹果，去核，切片，切成小块

1 个鳄梨，去皮去核，切成方块

1/2 杯烤葵花籽

调味汁：

1 汤匙特级初榨橄榄油

2 汤匙橙汁

1 汤匙酱油

把生菜、黄瓜、西红柿、橙子和苹果混合在一起。

加入鳄梨片，撒上烤葵花籽。

把橄榄油、橙汁和酱油搅拌在一起，做成调味汁。

将调味汁倒在沙拉上，搅拌至均匀，即可上桌。

本菜谱由马萨诸塞州的米诺·迈耶贡献

山羊奶酪甜菜沙拉

健康食物指数	卡路里	MACs	多酚	ω-3 脂肪酸 / 总脂肪
3.2	278	6.18g	0.071g	0.17

（按照每份的量计算）

2 人份的量

2 个中等大小的红色或金色甜菜，洗净并去掉绿叶部分

3 杯嫩菠菜叶

2 个橙子，去皮并切块

2 茶匙切碎的新鲜香葱

2 茶匙新鲜百里香，切碎

1 汤匙特级初榨橄榄油

1 汤匙香醋

1/2 杯烤核桃

1/2 杯碎山羊奶酪

盐和胡椒调味

将甜菜煮至变软，约需 20 分钟。冷却后去皮切片。

把菠菜放在一个中等大小的碗里。加入橙子和甜菜。

在一个小碗里，把香葱、百里香、橄榄油和醋搅拌在一起。

把调味汁倒在沙拉上。

上面撒上烤核桃和山羊奶酪。加入盐和胡椒调味，即可上桌。

本菜谱由马萨诸塞州的米诺·迈耶贡献

绿豆芽沙拉

健康食物指数	卡路里	MACs	多酚	ω-3 脂肪酸 / 总脂肪
5.9	157	9.75g	0.53g	0.75

（按照每份的量计算）

4 人份的量

2 杯发芽绿豆

1 个中小洋葱，切碎

1 个中等大小的番茄，切碎

1 个青辣椒（可选），切碎

1/4 茶匙红辣椒粉

1/2 茶匙沙拉（可选）

1 个煮土豆或红薯（可选）

根据需要选择岩盐或黑盐

1 茶匙柠檬汁，根据需要

几片香菜叶和柠檬片作为装饰

将绿豆彻底洗净。沥干并在充足的水中浸泡 6 至 8 小时或整夜。

将浸泡过的豆子滤干，放在一个大碗里，确保上面有一些水分。

用盖子盖住碗，放在温暖的地方 8 到 12 个小时（绿豆在温暖的天气里发芽更快）。

把剩下的豆芽冷藏起来。

将发芽的绿豆用水洗净，然后蒸或煮至完全熟透。压实。

在一个碗里，混合除盐和柠檬汁以外的所有原料。

用盐调味，加几滴柠檬汁。用柠檬片和香菜叶装饰。即可食用。

本菜谱由阿尔帕纳·古普塔博士撰写

鳄梨鹰嘴豆酱

健康食物指数	卡路里	MACs	多酚	ω-3 脂肪酸 / 总脂肪
2.6	150	4g	0.08g	0.008

（按照每份的量计算）

4 人份的量

4 瓣大蒜

1 茶匙辣椒面

1/2 茶匙孜然粉

1/2 杯罐装鹰嘴豆，沥干水分

2 汤匙柠檬汁

1/2 茶匙姜黄粉

1 汤匙新鲜姜末

1 又 1/2 个鳄梨，去皮去核

1 汤匙特级初榨橄榄油

盐和新鲜磨碎的胡椒

1/2 茶匙辣椒粉作为装饰

1 茶匙切碎的欧芹作为装饰

将大蒜、辣椒片、孜然、鹰嘴豆、柠檬汁、姜黄和生姜混合在食品加工机中。

加入鳄梨，再搅拌 20 秒。

将混合物放入碗中，加入橄榄油、盐和胡椒，然后搅拌。用辣椒和欧芹装饰。

本菜谱由马萨诸塞州的米诺·迈耶贡献

羽衣甘蓝小扁豆沙拉

健康食物指数	卡路里	MACs	多酚	ω-3 脂肪酸 / 总脂肪
3.3	307	7.8g	0.027g	0.1

(按照每份的量计算)

2 人份的量

沙拉：

3/4 杯绿色小扁豆

1 袋托斯卡纳羽衣甘蓝，去掉茎并丢弃，叶子切碎

1 杯樱桃番茄，切成两半

1 个鳄梨，切成小块或正方形

一把切碎的香菜

1/2 杯切碎的核桃，轻度烘烤

盐和鲜磨胡椒

调味汁：

2 汤匙特级初榨橄榄油

1 汤匙新鲜柠檬汁

½ 杯酸菜

1 茶匙孜然粉

1/2 茶匙新鲜胡椒粉

在一大锅加盐的沸水中加入扁豆，煮 20~25 分钟，直到变软。沥干，让它冷却。

把羽衣甘蓝、西红柿、小扁豆、鳄梨和香菜放到一个大碗里。

在一个小碗里，将所有调味料搅拌在一起。

将调味汁浇在沙拉上，上面撒上烤核桃，盐和胡椒调味。

本菜谱由马萨诸塞州的米诺·迈耶贡献

芥末油醋汁炒蔬菜

健康食物指数	卡路里	MACs	多酚	ω-3 脂肪酸 / 总脂肪
3.0	282	8.2g	0.07g	0.03

（按照每份的量计算）

4 人份的量

3 汤匙特级初榨橄榄油

1 个红洋葱，切成两半，然后切成 1 英寸（2.54 厘米）的片

2 杯胡萝卜，去皮并对角切片

1/2 汤匙新鲜姜末

4 瓣大蒜，去皮切片

1 杯西葫芦，切片或切成 1 英寸（2.54 厘米）正方形

2 杯不同颜色的甜椒，切成 1 英寸（2.54 厘米）正方形

2 杯西兰花碎
2 杯花椰菜碎
盐和胡椒调味
1 杯新鲜樱桃番茄，切成两半
1 杯鹰嘴豆，沥干水分

调味汁：
一把切碎的欧芹
2 汤匙芥末
1 汤匙特级初榨橄榄油
2 汤匙葡萄酒醋
1 茶匙百里香

把所有调味料放在一个罐子里，充分摇晃。
在一个大煎锅里，用中火加热 3 汤匙橄榄油。
将洋葱和胡萝卜炒 3 分钟。
在锅中加入生姜、大蒜、西葫芦、甜椒、西兰花和花椰菜。
撒上盐和胡椒。
盖上盖子煮 3～4 分钟，直到变软。
在锅中搅拌并加入 1/4 杯水，再煮几分钟。
确保不要把蔬菜煮得太熟，因为需要爽脆的口感。
让蔬菜冷却到室温，然后放在一个大碗里。
加入西红柿和鹰嘴豆。
将调料倒在混合物上，搅拌后即可上桌。

本菜谱由马萨诸塞州的米诺·迈耶贡献

三明治

鳄梨蛋吐司

健康食物指数	卡路里	MACs	多酚	ω-3 脂肪酸 / 总脂肪
1.4	331	4.8g	0.153g	0.005

（按照每份的量计算）

2 人份的量

1 汤匙特级初榨橄榄油

1/2 茶匙姜黄

2 个鸡蛋

盐和胡椒

2 片小麦酸面包

1/2 熟鳄梨

1 个小红洋葱，切成薄片

1/2 个番茄，切成薄片

在煎锅中用中小火加热油。

在油中加入姜黄，让它嘶嘶作响一秒钟。

将鸡蛋打入锅中，用盐和胡椒调味。

盖上盖子，按你喜欢的方式煮鸡蛋，3~4 分钟。

烤面包片，上面涂上鳄梨泥。

把洋葱和番茄片放在面包上，上面再放一个鸡蛋。

本菜谱由马萨诸塞州的米诺·迈耶贡献

西班牙鲭鱼沙拉三明治

健康食物指数	卡路里	MACs	多酚	ω-3 脂肪酸 / 总脂肪
1.2	450	5.15g	0.028g	0.1

（按照每份的量计算）

2 人份的量

2 罐烤大西洋大蒜鲭鱼鱼片（如巴塔哥尼亚牌），沥干水分，切成块状

1 根芹菜茎，切成小块

1 根小葱或 1/4 红洋葱，切成小块

大约 1/3 杯大致切碎的平叶欧芹叶

1 汤匙柠檬汁

1 茶匙柠檬皮

1 茶匙第戎芥末

盐和胡椒

三明治：

明斯特奶酪片或瑞士奶酪片（可选）

4 片全麦面包

6~8 个莳萝泡菜片，沥干水分并用纸拍干（可选）

在一个中等大小的碗中，轻轻地将鲭鱼沙拉原料混合在一起。

用中火加热不粘锅。

准备三明治：把一片奶酪放在一片面包上。加入 3~4 片泡菜、半份鲭鱼沙拉和另一片奶酪，上面盖上面包片。对第二个三明治重复上述步骤。

把三明治放在平底锅里。

煎到金黄色，奶酪融化，每面大约 5 分钟。

另一种选择：

• 加入少许咖喱粉、杜卡面包、哈里萨辣酱或任何其他美味的香料混合物。

• 加入切碎的新鲜草本植物搅拌。

• 如果你不想要额外的卡路里和动物脂肪，可以不吃奶酪。

本菜谱改编自巴塔哥尼亚食品公司的食谱

蔬菜汉堡

健康食物指数	卡路里	MACs	多酚	ω-3 脂肪酸 / 总脂肪
2.2	413	11g	0.001g	0.003

(按照每份的量计算)

4 人份的量

5.8 盎司袋装巴塔哥尼亚黑豆汤

1 杯面包屑

1/2 杯南瓜子，切碎或用食品加工机搅碎

1/4 杯大葱，切片

1 个鸡蛋，打好

1 茶匙柠檬汁

用一半的水（1 杯）煮黑豆汤，然后冷却。你将会得到一份很浓的豆沙。

在一个中等搅拌碗中，混合剩余的原料，并与冷却的豆沙充分混合。

将混合物做成四个豆饼，在炉中或烤架上烹饪。

炉灶上：

在预热的煎锅中，加入 2 汤匙油，将豆饼烤至酥脆并加热。

烧烤：

将豆饼放在有内衬的托盘或盘子上，冷冻 20~30 分钟，直到变硬。

预热烤架，用一块沾了油的布擦干净烤架。将每个豆饼的每面烤 5~7 分钟。

上面放上鳄梨、芽菜和你最喜欢的调味品。

本菜谱改编自巴塔哥尼亚食品公司的食谱

甜点

布朗尼蛋糕

健康食物指数	卡路里	MACs	多酚	ω-3 脂肪酸 / 总脂肪
3.3	340	7g	0.16g	0.27

（按照每份的量计算）

8 人份的量

2 杯核桃

1/2 杯可可粉

2 杯去核红枣

1 汤匙无酒精香草精

在装有 S 形刀片的食品加工机中，将核桃加工成粉末。不要过度加工成坚果酱。

加入可可，然后再次加工。

添加椰枣并继续加工，直到形成一个球状物。

加入香草，然后再次短暂加工。

将面糊转移到硅胶布朗尼模具或 8 英寸（20.32 厘米）×8 英寸的正方形平底锅中，均匀地压入。

盖上盖子，冷冻至坚硬，大约 2~3 小时，然后切成正方形。

本菜谱由厨师 AJ 贡献

混合浆果的可可酸奶

健康食物指数	卡路里	MACs	多酚	ω-3 脂肪酸 / 总脂肪
4.13	160	6.2g	0.44g	0.14

（按照每份的量计算）

1 人份的量

1/2 杯纯植物酸奶作为替代

1 汤匙可可

1 杯时令浆果，必要时切成小块

在一个小碗里混合可可和酸奶，搅拌至光滑。

上面撒上水果，尽情享用。

本菜谱由马萨诸塞州的米诺·迈耶贡献

高压锅蓝莓小米布丁

健康食物指数	卡路里	MACs	多酚	ω-3 脂肪酸 / 总脂肪
1.2	256	3.12g	0.49g	0.13

（按照每份的量计算）

4~6 人份的量

布丁：

1 杯小米

3 杯不加糖的植物奶

1 茶匙肉桂

1/2 茶匙豆蔻

1 茶匙香草粉（可选）

水果浇头：

2 汤匙椰枣酱

2 杯不加糖的石榴汁

4 汤匙玉米淀粉溶于 4 汤匙水中

1 杯野生蓝莓

将所有布丁材料放入高压锅中，用大火煮 10 分钟。10 分钟后释放压力。这个可以是热的，也可以是冷的。小米冷却后会变稠。

在一个中等大小的平底锅中，将椰枣泥溶入石榴汁中，然后将其煮至液体只剩 1/2。慢慢地加入玉米淀粉，直到混合物变稠，然后轻轻地搅拌蓝莓。从炉子上取出。

将布丁混合物均匀地放入 4~6 个高的玻璃杯或巴菲杯中。

将水果均匀地撒在每个布丁上。你可以做 2 层，如果你愿意，也可以交替使用。

冷藏几个小时，直到凝固。

本菜谱由厨师 AJ 贡献

世界上最健康（也是最简单）的山核桃派

健康食物指数	卡路里	MACs	多酚	ω-3 脂肪酸 / 总脂肪
2.4	366	7.3g	1.83g	0.015

（按照每份的量计算）

10~12 人份的量

外皮：

2 杯生的无盐山核桃

2 杯去核椰枣

1 茶匙香草粉（可选，但会提升风味）

馅料：

16 盎司去核椰枣浸泡在 16 盎司水中直到变软

1 茶匙香草粉（可选，但会提升风味）

12 盎司生的无盐山核桃（约 3 杯），研磨成粉末

首先，制作外皮：

将山核桃放入装有 S 形刀片的干燥食品处理机中，加工成粉状并具有黏稠度。不要过度加工，否则会形成坚果酱。

添加椰枣并处理，直到形成一个面团。您可能需要添加更多的椰枣。

一旦面皮达到适当稠度，加入香草，稍微搅拌一下。
用一张烘焙纸，将面皮均匀地压入 9 英寸的弹性模具锅中。

然后，制作馅料：
将椰枣、浸泡过的液体和香草放入装有 S 形刀片的食品加工机中，将其打成泥，直到变得光滑。
加入磨得很细的山核桃，再次加工，直到变成奶油状。

最后，制作馅饼：
取下烘焙纸，倒入馅料中，均匀铺开。
用半个山核桃装饰馅饼的顶部。
将馅饼冷冻一夜或直到变硬。

本菜谱由厨师 AJ 贡献

用餐计划

这是一日菜单的指南。如果你计划遵循一个有时间限制的饮食计划，我建议你一天吃两顿饭，午餐和晚餐，在仅限于 8 个小时的进食期内，中间可以加入健康的零食。然而，你也可以在传统的早餐、午餐和晚餐计划中使用这些食谱。

- 早餐：（沙拉、水果）碗或奶昔。
- 早午餐：（沙拉、水果）碗、三明治或沙拉。
- 晚餐：简单的主菜（仅限周末食用复杂的主菜）。
- 不加糖的高纤维或者多酚零食：
① 苹果、坚果。
② 高纤维、无添加糖棒。

③ 纳维塔斯有机零食。

· 饮料：

① 早上喝不加糖的黑咖啡或茶

② 康普茶

③ 下午或晚上喝绿茶或红茶

④ 马黛茶

⑤ 不加糖的益生菌饮品或益生菌活菌制剂

⑥ 水

⑦ 晚上喝一杯红酒

肠道健康食品的营养价值

高纤维食品 [①]

食品配料（100g）	纤维（g/100g）
奇亚籽	33.3
可可豆	22.5
亚麻籽	19.3
小扁豆	17.5
燕麦麸皮	16.1
亚麻籽粉	13.3
麦芽	12
毛豆	8.8
全麦意大利面	8
山核桃	7.5

① 资料来源：https://www.nal.usda.gov/sites/www.nal.usda.gov/files/total_dietary_
fiber.pdf

黑豆	4.3
野生稻	4
鹰嘴豆	2.6
甜菜	2.6

高多酚食品 [1]

食品配料	总酚类含量（mg/100g）
奇亚籽	2941.2（包括亚麻酸多不饱和脂肪酸）
亚麻籽	956.9（包括亚麻酸多不饱和脂肪酸和仲蒄麻油醇二葡糖苷）
亚麻籽油	900（包括阿魏酸 4-O- 葡萄糖苷）
咖啡	895（绿原酸）
未经巴氏灭菌的德国泡菜	825（包括松脂酚和山柰酚）
蓝莓	310（包括 5- 咖啡酰奎宁酸）
可可粉	225（黄烷醇）
红酒	220（包括白藜芦醇和单宁）
梅子薄片	185（包括 3- 咖啡酰奎宁酸）
黑豆	174（包括飞燕草苷 3-O- 葡萄糖苷）
绿茶	105（L- 茶氨酸）
平菇	67（包括麦角硫蛋白）
特级初榨橄榄油	50（木樨草素和油黄醛）

高 ω-3 脂肪酸食品 [2]

食品配料（100g）	ω-3 脂肪酸（mg/100g）
亚麻籽	22 800
奇亚籽	18 100
核桃	9 200
大麻籽	8 700
亚麻籽油	8 200
鲭鱼	5 100
沙丁鱼	4 000
野生三文鱼	2 300

---

[1] 资料来源: http://phenol-explorer.eu/

[2] 资料来源: https://fdc.nal.usda.gov/

食品配料（100g）	ω-3 脂肪酸（mg/100g）
大豆	1 400
山核桃	860
豆腐	582

致谢

感谢过去五年里对我思考有影响的许多人，他们使我更加认识到我们自己的健康、生产食物环境的健康、植物性食物的健康以及地球的健康之间存在着密切的联系。这些影响说服我写了第二本书，其中的概念远远超出了《第二大脑》中列出的，那本书仅限于我们的大脑、肠道及其微生物组之间的密切互动。将我的视野从肠道和大脑扩展到土壤和地球的健康方面发挥了最突出作用的人是伊冯·乔伊纳德，他是巴塔哥尼亚公司富有远见的创始人，他的生平事迹、哲学和为拯救地球而进行的激情斗争对我的世界观产生了深远而持久的影响。如果没有朱莉·威尔的信任和鼓励，我不会有决心开始这个项目，朱莉·威尔是我在 Harper Wave 出版社的出色编辑，她在我的整个写作期间提供了宝贵的反馈意见。

感谢几十年来我在诊所见过的所有患者，他们的生活经历教会了我大脑与肠道相互作用对健康和疾病的重要性，并且继续帮助我验证我的研究结果与临床的直接相关性。同样，我非常感谢《第二大脑》的读者的所有积极反馈，他们经常在病人的故事中对照自己，并想要更多关于如何重建健康肠道微生物组的信息。如果我没有与加州大学洛杉矶分校的研究团队进行密切互动，特别是与安妮·古普塔博士的合作，古普塔博士在我们关于食物对肠道微生物组和大脑相互作用的研究中发挥了主要的推动力，以及我们中心的几名聪明的学生，他们对这本书的发展有着浓厚的兴趣，特别是卡琳娜·南丝和朱丽叶·弗兰克，没有他们，我是不可能产生写这本书的想法的。我很高兴能成为加州大学洛杉矶分校消化专业的一名教员，该专业处于大脑与肠道相互作用研究和临床实践的前沿，特别感谢我的科主任埃里克·埃斯雷利安博士，他在大脑和肠道之间的相互作用方面与我有许多相同的观点。感谢里马·卡德杜拉·达乌克博士和萨尔基斯·马兹曼尼亚博士，他们是鼓舞人的科学家，并且领导揭开肠道微生物组在毁灭性大脑疾病中的作用。感谢奥拉夫·斯波恩斯博士，他是将先进的网络分析应用于大脑研究的先驱，以及沃尔特·威利特博士，他将科学界的注意力引向我们的健康与气候危机之间的密切关系。感谢意大利白云山的米其林三星厨师诺伯特·尼德尔科夫勒，他将世界级的烹饪技术与当地可持续的食品生产相结合，以及马尔科·卡瓦列里，他在意大利亚得里亚海地区从事再生有机葡萄酒和橄榄油生产。

我感谢我的合著者内尔·凯西，他在将复杂的科学概念转化为易于理解的语言方面提供了极大的帮助，也感谢克拉克·米勒，他用自己的艺术创造力为这本书设计了插图。

最后，感谢我的妻子米诺和我们的儿子迪伦，我和他们就这本书的许多细节进行了持续的讨论，他们也帮助设计和测试了许多食谱，把我们的厨房变成了食物实验室。

食谱资源

贡献者：

这本书中的大部分食谱都是由来自 NeuroTrition 公司的奥尔莎·马格亚尔和她的 Neurochefs 以及我的妻子马萨诸塞州米诺·迈耶贡献的。

NeuroTrition 开发基于营养的食谱，以实现最佳的大脑健康。有关这个创新组织的更多信息，请访问 www.urotrition.ca。

一些食谱改编自巴塔哥尼亚食品公司（www.patageriaProvisions.com）。

甜点食谱是由厨师 AJ（www.chefajwebsite.com）开发的。

有些意大利面的菜肴改编自我最喜欢的烹饪书之一，杰米·奥利弗的《杰米的意大利》。

原料：

尽管有其他来源可用，但基于质量、可持续生产和对健康的好处，我建议从以下品牌采购原料。

- 特级初榨橄榄油：Le Corti Dei Farfensi,
  https://lecortideifarfensiusa.com/collections/olive-oil
- 贻贝罐头、烟熏鲑鱼罐头、鲱鱼罐头和有机黑豆汤、种子和零食：
  巴塔哥尼亚食品公司，www.patageriaProvisions.com
- 沙丁鱼罐头：野生葡萄牙沙丁鱼，www.vitalchoice.com
- 纤维棒：NuGO Nutrition, www.nugofiber.com

- 大麻牛奶和生麻籽: Manitoba Harvest, www.manitoba harvest. com
- 枸杞、印卡浆果、马基梅、卡姆梅、巴西梅粉: Navitas Organics, www.navitasorganics.com
- 古代谷物饼干: Nature's Path Heritage flakes, www.Natures path.com

注释

第 1 章　与饮食和肠道菌群有关的慢性非传染性疾病

1. Eileen M. Crimmins, "Lifespan and Healthspan: Past, Present, and Promise," Gerontologist 55, no. 6 (Dec. 2015): 901–11, doi: 10.1093/geront/gnv130, PubMed PMID: 26561272.

2. Centers for Medicare & Medicaid Services, National Health Expenditure Data, Historical, https://www.cms.gov/Research-Statistics-Data-and-Systems/Statistics-Trends-and-Reports/NationalHealthExpendData/NationalHealthAccountsHistorical.

3. RabahKamal, Cynthia Cox, and Daniel McDermott, "What Are the Recent and Forecasted Trends in Prescription Drug Spending?" Health System Tracker, Peterson Center on Healthcare and Kaiser Family Foundation, 2019, https://www.healthsystemtracker.org/chart-collection/recent-forecasted-trends-prescription-drug-spending/#item-annual-growth-in-rx-drug-spending-and-total-health-spending-per-capita_nhe-projections-2018-27.

4. Animal Smart, "Comparing Agriculture of the Past with Today," https://animalsmart.org/animals-and-the-environment/comparing-agriculture-of-the-past-with-today.

5. Hilda Razzaghi et al., "10-Year Trends in Noncommunicable Disease Mortality in the Caribbean Region," RevistaPanamericana de Salud Pública, 2019, 43, doi: 10.26633/RPSP.2019.37.

6. Jean-François Bach, "The Effect of Infections on Susceptibility to Autoimmune and Allergic Diseases," New England Journal of Medicine 347, no. 12 (Sept. 19, 2002): 911–20, doi: 10.1056/NEJMra020100.

7. ForoughFarrokhyar, E. T. Swarbrink, and E. Jan Irvine, "A Critical Review of Epidemiological Studies in Inflammatory Bowel Disease," Scandinavian Journal of Gastroenterology 36, no. 1 (February 2001): 2–15.

8. Nils Åberg et al., "Increase of Asthma, Allergic Rhinitis and Eczema in Swedish Schoolchildren between 1979 and 1991," Clinical & Experimental Allergy 25, no. 9 (Sept. 1995): 815–19, doi: 10.1111/j.1365-2222.1995.tb00023.x, PubMed PMID: 8564719.

9. Sigrid Poser et al., "Increasing Incidence of Multiple Sclerosis in South Lower Saxony, Germany," Neuroepidemiology 8, no. 4 (1989): 207–13, doi: 10.1159/000110184.

10. H. Okada et al., "The 'Hygiene Hypothesis' for Autoimmune and Allergic Diseases: An Update," Clinical & Experimental Immunology 160, no. 1 (Apr. 2010): 1–9, doi: 10.1111/j.1365-2249.2010.04139.x.

11. Michael Ollove, "States Limiting Patient Costs for High- Priced Drugs," Pew Charitable Trusts, July 2, 2015, https://www.pewtrusts.org/en/research-and-analysis/blogs/stateline/2015/07/02/states-limitin-patient-costs-for-high-priced-drugs.

12. Canadian Agency for Drugs and Technologies in Health, "Table 4: Cost-Comparison Table of Biologics for the Treatment of Crohn's Disease," Common Drug Reviews, Ottawa, 2017, https://www.ncbi.nlm.nih.gov/books/NBK476194/table/app8.t1.

13. American Autoimmune Related Diseases Association, "Autoimmune Disease List," https://www.aarda.org/diseaselist.

14. Meghan O'Rourke, "What's Wrong with Me?" New Yorker, Aug. 26, 2013, https://www.newyorker.com/magazine/2013/08/26/whats-wrong-with-me.

15. Marie Ng et al., "Global, Regional, and National Prevalence of Overweight and Obesity in Children and Adults during 1980–2013: A Systematic Analy sis for the Global Burden of Disease Study 2013," Lancet 384, no. 9945 (Aug. 30, 2014): 766–81, doi: 10.1016/S0140-6736(14)60460-8, PubMed PMID: 24880830.

16. National Institute of Diabetes and Digestive and Kidney Diseases, "Over-weight & Obesity Statistics," https://www.niddk.nih.gov/health- information/health-statistics/overweight-obesity.

17. Mohammad G. Saklayen, "The Global Epidemic of the Metabolic Syndrome," Current Hypertension Reports 20, no. 2 (Feb. 2018): 12–20, doi: 10.1007/s11906-018-0812-z. PubMed PMID: 29480368.

18. M. Aguilar et al., "Prevalence of the Metabolic Syndrome in the United States, 2003-2012," JAMA 313, no. 9 (2015): 1973–4, doi: 10.1001/jama.2015.4260.

19. American Heart Association, "Cardiovascular Disease: A Costly Burden for America— Projections through 2035,"https://healthmetrics.heart.org/wp-content/uploads/2017/10/Cardiovascular-Disease-A-Costly-Burden.pdf.

20. American Heart Association Center for Health Metrics and Evaluation, "Cardiovascular Disease Costs Will Exceed $1 Trillion by 2035, Warns the American Heart Association," press release, Feb. 14, 2017, https://healthmetrics.heart.org/cardiovascular-disease-costs-will-

exceed-1-trillion-by-2035-warns-the-american-heart-association.

21. Rebecca Harris et al., "Obesity Is the Most Common Risk Factor for Chronic Liver Disease: Results from a Risk Stratification Pathway Using Transient Elastography," American Journal of Gastroenterology 114, no. 11 (Aug. 2019): 1744–52.

22. Center for Disease Control and Prevention, "Cancers Associated with Over-weight and Obesity Make Up 40 Percent of Cancers Diagnosed in the United States," press release, Oct. 3, 2017, https://www.cdc.gov/media/releases/2017/p1003-vs- cancer- obesity.html.

23. Theo Vos et al., "Global, Regional, and National Incidence, Prevalence, and Years Lived with Disability for 328 Diseases and Injuries for 195 Countries, 1990–2016: A Systematic Analysis for the Global Burden of Disease Study 2016," Lancet 390, no. 10100 (Sept. 2017): 1211–59, doi: 10.1016/S0140-6736 (17)32154-2.

24. Ibid.

25. Parkinson's Foundation, "Statistics," https://www.parkinson.org/Understanding-Parkinsons/Statistics.

26. Autism Speaks, "CDC Increases Estimate of Autism's Prevalence by 15 Percent, to 1 in 59 Children 2018," https://www.autismspeaks.org/science-news/cdc-increases-estimate-autisms-prevalence-15-percent-1-59-children.

27. Mark Rice-Oxley, "Mental Illness: Is There Really a Global Epidemic?" Guardian, June 3, 2019.

28. Joseph W. Windsor and Gilaad G. Kaplan, "Evolving Epidemiology of IBD," Current Gastroenterology Reports 21, no. 8 (July 2019): 1–9, doi: 10.1007/s11894 -019-0705-6.

29. Katarina Zimmer, "There's a Troubling Rise in Colorectal Cancer among Young Adults," Scientist, Aug. 26, 2019.

30. American Cancer Society, "Guideline for Colorectal Cancer Screening," https://www.cancer.org/cancer/colon-rectal-cancer/detection-diagnosis-staging/acs-recommendations.html; and Andrew M. D. Wolf et al., "Colorectal Cancer Screening for Average- Risk Adults: 2018 Guideline Update from the American Cancer Society," CA: A Cancer Journal for Clinicians 68, no. 4 (July/Aug. 2018): 250–81, doi: 10.3322/caac.21457.

31. Francesco De Virgiliis and Simone Di Giovanni, "Lung Innervation in the Eye of a Cytokine Storm: Neuroimmune Interactions and COVID-19," Nature Reviews Neurology 16, no. 11 (Jan. 2020): 645–52, doi: 10.1038/s41582-020-0402-y.

32. DonjeteSimnica et al., "The Impact of Western Diet and Nutrients on the Microbiota and Immune Response at Mucosal Interfaces," Frontiers in Immunology 8 (July 2017): article 838.

第 2 章　医学整体观及现代疾病之间的相互联系

1.　Johns Hopkins Medicine, "Ayurveda," https://www.hopkinsmedicine.org/health/wellness-and-prevention/ayurveda.

2.　René Descartes, The Method, Meditations and Philosophy of Descartes (London: Orion, 2004), 15.

3.　Wikipedia, "René Descartes," https://en.wikipedia.org/wiki/Ren%C3%A9_Descartes; and Alan Nelson, "Descartes' Dualism and Its Relation to Spinoza's Metaphysics," in: David Cunning, ed., The Cambridge Companion to Descartes' Meditations (Cambridge University Press, 2014), 277–98.

4.　Wikipedia, "Network Science," https://en.wikipedia.org/wiki/Network_science; and Gosak M et al., "Network science of biological systems at different scales: A review," Physics of Life Reviews 24 (2018): 118–35, doi: https://doi.org/10.1016/j.plrev.2017.11.003.

5.　C. David Allis and Thomas Jenuwein, "The Molecular Hallmarks of Epigenetic Control," Nature Reviews Genetics 17, no. 8 (Aug. 2016): 487–500, doi: 10.1038/nrg.2016.59.

6.　Marcus M. Rinschen et al., "Identification of Bioactive Metabolites Using Activity Metabolomics," Nature Reviews Molecular Cell Biology 20, no.6 (Feb. 2019): 353–67, doi: 10.1038/s41580-019-0108-4.

7.　Maarten Altelaar, Javier Muñoz, and Albert J. R. Heck, "Next-Generation Proteomics: Towards an Integrative View of Proteome Dynamics," Nature Reviews Genetics 14, no. 1 (Dec. 2012): 35–48, doi: 10.1038/nrg3356.

8.　Pacific Northwest National Laboratory, "Microbiome Science: Confronting Complex Mysteries," https://www.pnnl.gov/microbiome- science.

9.　Olaf Sporns, Discovering the Human Connectome (Cambridge, MA: MIT Press, 2012).

10.　Diego V. Bohórquez and Rodger A. Liddle, "The Gut Connectome: Making Sense of What You Eat," Journal of Clinical Investigation 125, no. 3 (Mar. 2015): 888–90, doi:10.1172/JCI81121.

11.　Sporns, Discovering the Human Connectome.

12.　Clair R. Martin et al., "The Brain-Gut-Microbiome Axis," Cellular and Molecular Gastroenterology and Hepatology 6, no. 2 (Apr. 2018): 133–48, doi:10.1016/j.jcmgh.2018.04.003, PubMed PMID: 30023410.

13.　Erica D. Sonnenburg and Justin L. Sonnenburg, "The Ancestral and Industrialized Gut Microbiota and Implications for Human Health," Nature Reviews Microbiology 17, no. 6 (June 2019): 383–90, doi: 10.1038/s41579-019-0191-8.

14.　Patrice D. Cani, "How Gut Microbes Talk to Organs: The Role of Endocrine and Nervous

Routes," Molecular Metabolism 5, no. 9 (May 2016): 743–52, doi: 10.1016/j.molmet.2016.05.011, PubMed PMID: 27617197.

15. Siri Carpenter, "That Gut Feeling," Monitor on Psychology 43, no. 8 (Sept. 2012): 50.

16. Michael D. Gershon, The Second Brain: A Groundbreaking New Understanding of Nervous Disorders of the Stomach and Intestine (New York: Harper Perennial, 1999).

17. Giuseppe DaniloVighi et al., "Allergy and the Gastrointestinal System," Clinical & Experimental Immunology 153, suppl. 1 (Oct. 2008): 3–6, doi:10.1111/j.1365-2249.2008.03713.x.

18. John B. Furness et al., "The Gut as a Sensory Organ," Nature Reviews Gastroenterology & Hepatology 10, no. 12 (Sept. 2013): 729–40, doi: 10.1038/nr gastro.2013.180.

第 3 章　西方饮食习惯造成了肠道菌群的长期压力

1. Abigain Johnson et al., "Daily Sampling Reveals Personalized Diet-Microbiome Associations in Humans," Cell Host & Microbe 25, no. 6 (June 2019): 789–802.e5, doi: 10.1016/j.chom.2019.05.005.

2. Jocelyn Kaiser, "There Are About 20,000 Human Genes: So Why Do Scientists Only Study a Small Fraction of Them?" Science online, Sept. 18, 2018, https://www.sciencemag.org/news/2018/09/there-are-about-20000-human-genes-so-why-do-scientists-only-study-small-fraction-them.

3. Steve Mao, "Hidden Treasure in the Microbiome," Science 365, no. 6458 (Sept. 13, 2019): 1132–33, doi: 10.1126/science.365.6458.1132-g.

4. Mahesh S. Desai et al., "A Dietary Fiber- Deprived Gut Microbiota Degrades the Colonic Mucus Barrier and Enhances Pathogen Susceptibility," Cell 167, no. 5 (Nov. 17, 2016): 1339–53.e21, doi: 10.1016/j.cell.2016.10.043.

5. Clinton White House Archives, "President Clinton: Announcing the Completion of the First Survey of the Entire Human Genome 2000," https://clintonwhitehouse3.archives.gov/WH/Work/062600.html.

6. Daniel Aguirre de Cárcer, "The Human Gut Pan- Microbiome Presents a Compositional Core Formed by Discrete Phylogenetic Units," Scientific Reports 8, no. 1 (Sept. 2018): article 14069, doi: 10.1038/s41598-018-32221-8, PubMed PMID: 30232462.

7. Catherine A. Lozupone et al., "Diversity, Stability and Resilience of the Human Gut Microbiota," Nature 489, no. 7415 (Sept. 13, 2012): 220–30, doi: 10.1038/nature11550.

8. Martin J. Blaser and Stanley Falkow, "What Are the Consequences of the Disappearing Human Microbiota?" Nature Reviews Microbiology 7, no. 12 (Nov. 2009): 887–94,

doi: 10.1038/nrmicro2245.

9. Christoph A. Thaiss et al., "Transkingdom Control of Microbiota Diurnal Oscillations Promotes Metabolic Homeostasis," Cell 159, no. 3 (Oct. 23, 2014): 514–29, doi: 10.1016/ j.cell.2014.09.048.

10. Christoph A. Thaiss et al., "Microbiota Diurnal Rhythmicity Programs Host Transcriptome Oscillations," Cell 167, no. 6 (Dec. 2016): 1495–1510.e12, doi: 10.1016/j.cell.2016.11.003.

11. Gabriela K. Fragiadakis et al., "Links between Environment, Diet, and the Hunter-Gatherer Microbiome," Gut Microbes 10, no. 2 (Aug. 2019): 216–27, doi: 10.1080/19490976.2018.1494103, PubMed PMID: 30118385.

12. Samuel A. Smits et al., "Seasonal Cycling in the Gut Microbiome of the Hadza Hunter-Gatherers of Tanzania," Science 357, no. 6353 (Aug. 25, 2017): 802–6, doi: 10.1126/science. aan4834.

13. Carlotta De Filippo et al., "Impact of Diet in Shaping Gut Microbiota Revealed by a Comparative Study in Children from Europe and Rural Africa," Proceedings of the National Academy of Sciences 107, no. 33 (Aug. 2010): 14691–6, doi: 10.1073/pnas.1005963107.

14. Geneviève Dubois et al., "The Inuit Gut Microbiome Is Dynamic Over Time and Shaped by Traditional Foods," Microbiome 5, no. 1 (Nov. 2017): 151, doi: 10.1186/s40168-017-0370-7, PubMed PMID: 29145891.

15. PajauVangay et al., "US Immigration Westernizes the Human Gut Microbiome," Cell 175, no. 4 (Nov. 2018): 962–72.e10, doi: 10.1016/j.cell.2018.10.029, PubMed PMID: 30388453.

16. Erica D. Sonnenburg and Justin L. Sonnenburg, "The Ancestral and Industrialized Gut Microbiota and Implications for Human Health," Nature Reviews Microbiology 17, no. 6 (June 2019): 383–90, doi: 10.1038/s41579-019-0191-8.

17. Maria Dominguez Bello et al.,"Preserving Microbial Diversity— Microbiota from Humans of All Cultures Are Needed to Ensure the Health of Future Generations," Science 362, no. 6410 (October 2018): 33–34.

18. Marta Selma-Royo et al., "Shaping Microbiota During the First 1,000 Days of Life," in: Stefano Guandalini and FlaviaIndrio, eds., Probiotics and Child Gastrointestinal Health, Advances in Microbiology, Infectious Diseases and Public Health, vol. 10 (Cham, Switzerland: Springer International Publishing, 2019), 3–24.

19. SumaMagge and Anthony Lembo, "Low- FODMAP Diet for Treatment of Irritable Bowel Syndrome," Gastroenterology & Hepatology (NY) 8, no. 11 (Nov. 2012): 739–45, PubMed PMID: 24672410.

20. Karen L. Chen and ZeynepMadak Erdogan, "Estrogen and Microbiota Crosstalk: Should We Pay Attention?" Trends in Endocrinology and Metabolism 27, no. 11 (Aug. 2016): 752–55, doi: https://doi.org/10.1016/j.tem.2016.08.001.

第 4 章 长期压力导致肠道微生物组改变以及脑部疾病的增加

1. Andrea H. Weinberger et al., "Trends in Depression Prevalence in the USA from 2005 to 2015: Widening Disparities in Vulnerable Groups," Psychological Medicine 48, no. 8 (Oct. 2017): 1308–15, doi: 10.1017/S0033291717002781. OlleHagnell et al., "Prevalence of Mental Disorders, Personality Traits and Mental Complaints in the Lundby Study: A Point Prevalence Study of the 1957 Lundby Cohort of 2,612 Inhabitants of a Geographically Defined Area Who Were ReExamined in 1972 Regardless of Domicile," Scandinavian Journal of Social Medicine Supplementum 50 (1994): 1–77, doi: 10.2307/45199764.

2. Bruno Giacobbo et al., "Brain- Derived Neurotrophic Factor in Brain Disorders: Focus on Neuroinflammation," Molecular Neurobiology 56, no. 5 (May 2019): 3295–3312, doi: 10.1007/s12035-018-1283-6, PubMed PMID: 30117106.

3. Keenan A. Walker, "Inflammation and Neurodegeneration: Chronicity Matters," Aging (Albany, NY) 11, no. 1 (Dec. 2018): 3–4, doi: 10.18632/aging.101704, PubMed PMID: 30554190.

4. Huiying Wang et al., "Bifidobacterium longum 1714™ Strain Modulates Brain Activity of Healthy Volunteers During Social Stress," American Journal of Gastroenterology 114, no. 7 (July 2019): 1152–62.

5. Siddhartha Ghosh et al., "Intestinal Barrier Dysfunction, Lps Translocation and Disease Development," Journal of the Endocrine Society 4, no. 2 (February 2020): bvz039.

6. Pauline Luczynski et al., "Growing Up in a Bubble: Using Germ-Free Animals to Assess the Influence of the Gut Microbiota on Brain and Behavior," International Journal of Neuropsychopharmacology 19, no. 8 (Feb. 2016): pyw020, doi: 10.1093/ijnp/pyw020, PubMed PMID: 26912607.

7. ArthiChinnaMeyyappan et al., "Effect of Fecal Microbiota Transplant on Symptoms of Psychiatric Disorders: A Systematic Review," BMC Psychiatry 20, no. 1 (June 15, 2020): article 299, doi: 10.1186/s12888-020-02654-5.

8. Hai-yin Jiang et al., "Altered Fecal Microbiota Composition in Patients with Major Depressive Disorder," Brain, Behavior, and Immunity 48 (Aug. 2015): 186–94, doi: https://doi.org/10.1016/j.bbi.2015.03.016.

9. P. Zheng et al., "Gut Microbiome Remodeling Induces Depressive-like Behaviors Through a Pathway Mediated by the Host's Metabolism," Molecular Psychiatry 21, no. 6 (June 2016): 786–96, doi: 10.1038/mp.2016.44; and John Richard Kelly et al., "Transferring the Blues: Depression-Associated Gut Microbiota Induces Neurobehavioural Changes in the Rat," Journal of Psychiatric Research 82 (July 2016): 109–18, doi: https://doi.org/10.1016/j.jpsychires.2016.07.019.

10. Trisha A. Jenkins et al., "Influence of Tryptophan and Serotonin on Mood and Cognition with a Possible Role of the Gut- Brain Axis," Nutrients 8, no. 1 (Jan. 2016): 56, doi: 10.3390/nu8010056, PubMed PMID: 26805875.

11. Clair R. Martin et al., "The Brain-Gut-Microbiome Axis," Cellular and Molecular Gastroenterology and Hepatology 6, no. 2 (Apr. 2018): 133–48, doi: 10.1016/j.jcmgh.2018.04.003, PubMed PMID: 30023410.

12. Jessica M. Yano et al., "Indigenous Bacteria from the Gut Microbiota Regulate Host Serotonin Biosynthesis," Cell 161, no. 2 (Apr. 2015): 264–76, doi: 10.1016/j.cell.2015.02.047.

13. Thomas C. Fung et al., "Intestinal Serotonin and Fluoxetine Exposure Modulate Bacterial Colonization in the Gut," Nature Microbiology 4, no. 12 (Dec. 2019): 2064–73, doi: 10.1038/s41564-019-0540-4, PubMed PMID: 31477894.

14. Robert L. Stephens and Yvette Tache, "Intracisternal Injection of a TRH Analogue Stimulates Gastric Luminal Serotonin Release in Rats," American Journal of Physiology: Gastrointestinal and Liver Physiology 256, no. 2 (Feb. 1989): G377–G383, doi: 10.1152/ajpgi.1989.256.2.G377.

15. VadimOsadchiy, Clair R. Martin, and Emeran A. Mayer, "Gut Microbiome and Modulation of CNS Function," Comprehensive Physiology 10, no. 1 (Dec. 18, 2019): 57–72, doi: doi:10.1002/cphy.c180031.

16. Ibid.

17. Iona A. Marin et al., "Microbiota Alteration Is Associated with the Development of Stress-Induced Despair Behavior," Nature Scientific Reports 7, no. 1 (Mar. 7, 2017): article 43859, doi: 10.1038/srep43859.

18. VadimOsadchiy et al., "Correlation of Tryptophan Metabolites with Connectivity of Extended Central Reward Network in Healthy Subjects," PloS One 13, no. 8 (Aug. 2018): e0201772, doi: 10.1371/journal.pone.0201772, PubMed PMID: 30080865.

19. Christopher Brydges et al., for the Mood Disorders Precision Medicine Consortium, "Indoxyl Sulfate, a Gut Microbiome-Derived Uremic Toxin, Is Associated with Psychic Anxiety and

Its Functional Magnetic Resonance Imaging-Based Neurologic Signature," doi: https://doi. org/10.1101/2020.12.08.388942.

20. Andrew C. Peterson and Chiang- Shan R. Li, "Noradrenergic Dysfunction in Alzheimer's and Parkinson's Diseases— An Overview of Imaging Studies," Frontiers in Aging Neuroscience 10 (May 1, 2018): article 127.

21. R. Alberto Travagli and Laura Anselmi, "Vagal Neurocircuitry and Its Influence on Gastric Motility," Nature Reviews Gastroenterology & Hepatology 13, no. 7 (May 2016): 389–401, doi: 10.1038/nrgastro.2016.76.

22. Andrée-Anne Poirier et al., "Gastrointestinal Dysfunctions in Parkinson's Disease: Symptoms and Treatments," Parkinson's Disease 2016, article 6762528, doi: 10.1155/2016/6762528.

23. Ibid.

24. Han-Lin Chiang and Chin- Hsien Lin, "Altered Gut Microbiome and Intestinal Pathology in Parkinson's Disease," Journal of Movement Disorders 12, no. 2 (May 2019): 67–83, doi: 10.14802/jmd.18067, PubMed PMID: 31158941.

25. Sara Gerhardt and HasanMohajeri, "Changes of Colonic Bacterial Composition in Parkinson's Disease and Other Neurodegenerative Diseases," Nutrients 10, no. 6 (June 2018): 708, doi: 10.3390/nu10060708.

26. Marcus M. Unger et al., "Short Chain Fatty Acids and Gut Microbiota Differ between Patients with Parkinson's Disease and Age- Matched Controls," Parkinsonism & Related Disorders 32 (Aug. 2016): 66–72, doi: https://doi.org/10.1016/j.parkreldis.2016.08.019.

27. Leo Galland, "The Gut Microbiome and the Brain," Journal of Medicinal Food 17, no. 12 (Nov. 2014): 1261–72, doi: 10.1089/jmf.2014.7000, PubMed PMID: 25402818.

28. VayuMainiRekdal et al., "Discovery and Inhibition of an Interspecies Gut Bacterial Pathway for Levodopa Metabolism," Science 364, no. 6445 (June 14, 2019): eaau6323, doi: 10.1126/ science.aau6323.

29. Institute of Medicine, Sleep Disorders and Sleep Deprivation: An Unmet Public Health Problem (Washington, DC: National Academies Press, 2006).

30. Carlos H. Schenck, Bradley F. Boeve, and Mark W. Mahowald, "Delayed Emergence of a Parkinsonian Disorder in 38% of 29 Older Men Initially Diagnosed with Idiopathic Rapid Eye Movement Sleep Behavior Disorder," Neurology 46, no. 2 (Feb. 1996): 388–93, doi: 10.1212/ WNL.46.2.388.

31. Sadie Costello et al., "Parkinson's Disease and Residential Exposure to Maneb and Paraquat from Agricultural Applications in the Central Valley of California," American Journal of

Epidemiology 169, no. 8 (Apr. 2009): 919–26, doi: 10.1093/aje/kwp006.

32. National Pesticide Information Center, "Diazinon," http://npic.orst.edu/fact sheets/Diazgen. html.

33. Alzheimer's Association, "Alzheimer's Disease Facts and Figures," https://www.alz.org/ alzheimers- dementia/facts-figures.

34. Judy George, "Gut-Liver-Brain Interactions Tied to Alzheimer's," July 26, 2018, https://www. medpagetoday.com/meetingcoverage/aaic/74246.

35. KwangsikNho et al., Alzheimer's Disease Neuroimaging I, the Alzheimer Disease Metabolomics C, "Altered Bile Acid Profile in Mild Cognitive Impairment and Alzheimer's Disease: Relationship to Neuroimaging and CSF Biomarkers," Alzheimer's & Dementia 15, no. 2 (Feb. 2019): 232–44, doi: 10.1016/j.jalz.2018.08.012, PubMed PMID: 30337152.

36. Matthew McMillin and Sharon DeMorrow, "Effects of Bile Acids on Neurological Function and Disease," FASEB Journal 30, no. 11 (Nov. 2016): 3658–68, doi: 10.1096/fj.201600275R.

37. KwangsikNho et al., "Altered Bile Acid Profile in Mild Cognitive Impairment and Alzheimer's Disease: Relationship to Neuroimaging and CSF Biomarkers," Alzheimer's & Dementia 15, no. 2 (February 2019): 232–244, doi: 10.1016/j.jalz.2018.08.012; SiamakMahmoudianDehkordi et al., "Altered Bile Acid Profile Associates with Cognitive Impairment in Alzheimer's Disease— An Emerging Role for Gut Microbiome," Alzheimer's & Dementia 15, no. 1 (January 2019): 76–92, doi: 10.1016/j.Jalz2018.07217.

38. Dianne Price, "Autism Symptoms Reduced Nearly 50% 2 Years after Fecal Transplant," Apr. 9, 2019, https://asunow.asu.edu/20190409-discoveries-autism-symptoms-reduced-nearly-50-percent-two- years-after-fecal-trans plant.

39. David Q. Beversdorf, Hanna E. Stevens, and Karen L. Jones, "Prenatal Stress, Maternal Immune Dysregulation, and Their Association with Autism Spectrum Disorders," Current Psychiatry Reports 20, no. 9 (Aug. 2018): article 76, doi: 10.1007/s11920-018-0945-4, PubMed PMID: 30094645.

40. Helen E. Vuong and Elaine Y. Hsiao, "Emerging Roles for the Gut Microbiome in Autism Spectrum Disorder," Biological Psychiatry 81, no. 5 (Mar. 1, 2017): 411–23, doi: 10.1016/ j.biopsych.2016.08.024, PubMed PMID: 27773355.

41. Katherine M. Flegal et al., "Prevalence and Trends in Obesity among US Adults, 1999–2008," Journal of the American Medical Association 303, no. 3 (Jan. 2010): 235–41, doi: 10.1001/ jama.2009.2014; and R. Bethene Ervin, "Prevalence of Metabolic Syndrome among Adults 20 Years of Age and Over, by Sex, Age, Race and Ethnicity, and Body Mass Index: United

States, 2003–2006," National Health Statistics Reports, no. 13 (2009): 1–7, PubMed PMID: 19634296.

42. Rosa Krajmalnik-Brown et al., "Gut Bacteria in Children with Autism Spectrum Disorders: Challenges and Promise of Studying How a Complex Community Influences a Complex Disease," Microbial Ecology in Health and Disease 26 (Mar. 2015): article 26914, doi: 10.3402/mehd.v26.26914, PubMed PMID: 25769266.

43. Dae-Wook Kang et al., "Reduced Incidence of Prevotella and Other Fermenters in Intestinal Microflora of Autistic Children," PLoS One 8, no. 7 (July 3, 2013): e68322, doi: 10.1371/journal.pone.0068322.

44. Dae-Wook Kang et al., "Microbiota Transfer Therapy Alters Gut Ecosystem and Improves Gastrointestinal and Autism Symptoms: An OpenLabel Study," Microbiome 5, no. 1 (Jan. 2017): 10, doi: 10.1186/s40168-016-0225-7.

45. Dae-Wook Kang et al., "Long-Term Benefit of Microbiota Transfer Therapy on Autism Symptoms and Gut Microbiota," Nature Scientific Reports 9, no. 1 (Apr. 2019): 5821, doi: 10.1038/s41598-019-42183-0.

46. Dianne Price, "Autism Symptoms Reduced Nearly 50% 2 Years after Fecal Transplant," ASU News, April 9, 2019, https://asunow.asu.edu/20190409-discoveries-autism-symptoms-reduced-nearly-50-percent-two-years-after-fecal-transplant.

47. Kate Julian, "What Happened to American Childhood?" Atlantic, May 2020, https://www.theatlantic.com/magazine/archive/2020/05/childhood-in-an-anxious-age/609079.

48. Iona A. Marin et al., "Microbiota Alteration Is Associated with the Development of Stress-Induced Despair Behavior," Nature Scientific Reports 7, no. 1 (Mar. 7, 2017): article 43859, doi: 10.1038/srep43859.

第 5 章 饮食对脑–肠–微生物网络的调节

1. Isabella Meira et al., "Ketogenic Diet and Epilepsy: What We Know So Far," Frontiers in Neuroscience 13 (Jan. 2019): article 5, doi: 10.3389/fnins.2019.00005, PubMed PMID: 30760973.

2. Martin Kohlmeier, Nutrient Metabolism: Structures, Functions, and Genes, 2nd ed. (Cambridge, MA: Academic Press, 2015), 111–86.

3. Christine Olson, Helen Vuong, and Jessica M. Yano, "The Gut Microbiota Mediates the Anti-Seizure Effects of the Ketogenic Diet," Cell 173, no. 7 (May 2018): 1728–41.e13, doi: 10.1016/j.cell.2018.04.027.

4. Victoria M. Gershuni, Stephanie L. Yan, and Valentina Medici, "Nutritional Ketosis for

Weight Management and Reversal of Metabolic Syndrome," Current Nutrition Reports 7, no. 3 (Sept. 2018): 97–106, doi: 10.1007/s13668-018-0235-0.

5. O. Henríquez Sánchez et al., "Adherence to the Mediterranean Diet and Quality of Life in the SUN Project," European Journal of Clinical Nutrition 66, no. 3 (Mar. 2012): 360–68, doi: 10.1038/ejcn.2011.146.

6. Maria Shadrina, Elena A. Bondarenko, and Petr A. Slominsky, "Genetics Factors in Major Depression Disease," Frontiers in Psychiatry (Sept. 2018): 334, doi: 10.3389/fpsyt.2018.00334.

7. Marc Molendijk et al., "Diet Quality and Depression Risk: A Systematic Review and Dose-Response Meta- Analysis of Prospective Studies," Journal of Affective Disorders 226 (Jan. 15, 2018): 346–54, doi: 10.1016/j.jad.2017.09.022.

8. Theodora Psaltopoulou et al., "Mediterranean Diet, Stroke, Cognitive Impairment, and Depression: A Meta- Analysis," Annals of Neurology 74, no. 4 (Oct. 2013): 580–91, doi: 10.1002/ana.23944.

9. Almudena Sánchez- Villegas and Ana Sánchez-Tainta, The Prevention of Cardiovascular Disease through the Mediterranean Diet, 1st ed. (Cambridge, MA: Academic Press, 2017).

10. Natalie Parletta et al., "A Mediterranean- Style Dietary Intervention Supplemented with Fish Oil Improves Diet Quality and Mental Health in People with Depression: A Randomized Controlled Trial (HELFIMED)," Nutritional Neuroscience 22, no. 1 (Dec. 2017): 1–14, doi: 10.1080/1028415X.2017.1411320.

11. Felice N. Jacka et al., "A Randomised Controlled Trial of Dietary Improvement for Adults with Major Depression (the 'SMILES' Trial)," BMC Medicine 15, no. 1 (Jan. 30, 2017): article 23, doi: 10.1186/s12916-017-0791-y.

12. Food and Mood Centre, The SMILEs Trial, https://foodandmoodcentre.com.au/smiles-trial.

13. Paola Vitaglione et al., "Biomarkers of Intake of a Mediterranean Diet: Which Contribution from the Gut Microbiota?" Nutrition, Metabolism and Cardiovascular Diseases 29, no. 8 (Aug. 2019): 880, doi: 10.1016/j.numecd.2019.05.034.

14. Scott C. Anderson, John F. Cryan, and Ted Dinan, The Psychobiotic Revolution: Mood, Food, and the New Science of the Gut- Brain Connection (Washington, DC: National Geographic, 2017).

15. AsmaKazemi et al., "Effect of Probiotic and Prebiotic vs Placebo on Psychological Outcomes in Patients with Major Depressive Disorder: A Randomized Clinical Trial," Clinical Nutrition (Edinburgh) 38, no. 2 (Apr. 2019): 522–28, doi: 10.1016/j.clnu.2018.04.010, PubMed PMID: 29731182.

16. R. F. Slykerman et al., "Effect of Lactobacillus rhamnosus HN001 in Pregnancy on Postpartum Symptoms of Depression and Anxiety: A Randomised Double-Blind Placebo-Controlled Trial," EBioMedicine 24C (Sept. 2017): 159–65, doi: 10.1016/j.ebiom.2017.09.013.

17. Amory Meltzer and Judy Van de Water, "The Role of the Immune System in Autism Spectrum Disorder," Neuropsychopharmacology 42, no. 1 (Jan. 2017): 284–98, doi: 10.1038/npp.2016.158.

18. Charlotte Madore et al., "Neuroinflammation in Autism: Plausible Role of Maternal Inflammation, Dietary Omega 3, and Microbiota," Neural Plasticity 2016, no. 3: 1–15, doi: 10.1155/2016/3597209, PubMed PMID: 27840741.

19. Jun Ma et al., "High-Fat Maternal Diet During Pregnancy Persistently Alters the Offspring Microbiome in a Primate Model," Nature Communications 5, no. 1 (2014): article 3889, doi: 10.1038/ncomms4889.

20. Shelly A. Buffington et al., "Microbial Reconstitution Reverses Maternal Diet- Induced Social and Synaptic Deficits in Offspring," Cell 165, no. 7 (June 2016): 1762–75, doi: 10.1016/j.cell.2016.06.001, PubMed PMID: 27315483.

21. Richard H. Sandler et al., "Short-Term Benefit from Oral Vancomycin Treatment of Regressive-Onset Autism," Journal of Child Neurology 15, no. 7 (Aug. 2000): 429–35, doi: 10.1177/088307380001500701.

22. Felice N. Jacka et al., "Western Diet Is Associated with a Smaller Hippocampus: A Longitudinal Investigation," BMC Medicine 13, no. 1 (Sept. 2015): article 215, doi: 10.1186/s12916-015-0461-x, PubMed PMID: 26349802.

23. National Heart, Lung, and Blood Institute, "DASH Eating Plan," https://www.nhlbi.nih.gov/health-topics/dash-eating-plan.

24. Martha Clare Morris et al., "MIND Diet Slows Cognitive Decline with Aging," Alzheimer's & Dementia 11, no. 9 (Sept. 2015): 1015–22, doi: 10.1016/j.jalz.2015.04.011.

25. MartaGrochowska, Tomasz Laskus, and MarekRadkowski, "Gut Microbiota in Neurological Disorders," Archivum Immunologiae et TherapiaeExperimentalis 67, no. 6 (Oct. 2019): 375–83, doi: 10.1007/s00005-019-00561-6.

26. Rasnik K. Singh et al., "Influence of Diet on the Gut Microbiome and Implications for Human Health," Journal of Translational Medicine 15, no. 1 (Apr. 8, 2017): article 73, doi: 10.1186/s12967-017-1175-y, PubMed PMID: 28388917.

27. Tarini Shankar Ghosh et al., "Mediterranean Diet Intervention Alters the Gut Microbiome in Older People Reducing Frailty and Improving Health Status: The NU- AGE 1-Year

Dietary Intervention Across Five European Countries," Gut 67, no. 7 (Feb. 2020): 1218–28, doi: 10.1136/gutjnl-2019-319654.

28. SiamakMahmoudiandehkordi et al., "Altered Bile Acid Profile Associates with Cognitive Impairment in Alzheimer's Disease— an Emerging Role for Gut Microbiome," Alzheimer's & Dementia 15, no. 1 (Oct. 2019): 76–92, doi: 10.1016/j.jalz.2018.07.217, PubMed PMID: 30337151.

第 6 章　运动和睡眠对肠道微生物组的影响

1. Yanping Li et al., "Healthy Lifestyle and Life Expectancy Free of Cancer, Cardiovascular Disease, and Type 2 Diabetes: Prospective Cohort Study," British Medical Journal 368 (Jan. 2020): article l6669, doi: 10.1136/bmj.l6669, PubMed PMID: 31915124.

2. Solja T. Nyberg et al., "Association of Healthy Lifestyle with Years Lived without Major Chronic Diseases," JAMA Internal Medicine 180, no. 5 (May 2020): 1–10, doi: 10.1001/jamainternmed.2020.0618, PubMed PMID: 32250383.

3. Cassie M. Mitchell et al., "Does Exercise Alter Gut Microbial Composition? A Systematic Review," Medicine and Science in Sports and Exercise 51, no. 1 (Aug. 2018), 160–67, doi: 10.1249/MSS.0000000000001760.

4. Siobhan F. Clarke et al., "Exercise and Associated Dietary Extremes Impact on Gut Microbial Diversity," Gut 63, no. 12 (Dec. 2014): 1913–20, doi: 10.1136/gutjnl-2013-306541, PubMed PMID: 25021423.

5. Jacob Allen et al., "Exercise Alters Gut Microbiota Composition and Function in Lean and Obese Humans," Medicine & Science in Sports & Exercise 50, no. 4 (Apr. 2018): 747–57.

6. J. Philip Karl et al., "Changes in Intestinal Microbiota Composition and Metabolism Coincide with Increased Intestinal Permeability in Young Adults under Prolonged Physiological Stress," American Journal of Physiology—Gastrointestinal and Liver Physiology 312, no. 6 (June 2017): G559–G571, doi: 10.1152/ajpgi.00066.2017.

7. Núria Mach and DolorsFuster-Botella, "Endurance Exercise and Gut Microbiota: A Review," Journal of Sport and Health Science 6, no. 2 (May 2017): 179–97, doi: 10.1016/j.jshs.2016.05.001, PubMed PMID: 30356594.

8. Erick Prado de Oliveira, Roberto Carlos Burini, and Asker Jeukendrup, "Gastrointestinal Complaints During Exercise: Prevalence, Etiology, and Nutritional Recommendations," Sports Medicine 44, suppl.1 (2014): S79–S85, doi: 10.1007/s40279-014-0153-2, PubMed PMID: 24791919.

9. David Ferry, "Does Your Gut Hold the Secret to Performance?" Outside, Jan. 15, 2018, https://www.outsideonline.com/2274441/no-gut-no-glory.

10. Jonathan Scheiman et al., "Meta-omics Analysis of Elite Athletes Identifies a Performance-Enhancing Microbe That Functions via Lactate Metabolism," Nature Medicine 25, no. 7 (July 2019): 1104–9, doi: 10.1038/s41591-019-0485-4.

11. Abiola Keller et al., "Does the Perception That Stress Affects Health Matter? The Association with Health and Mortality," Health Psychology 31, no. 5 (Sept. 2012): 677–84, doi: 10.1037/a0026743; and Kari Leibowitz and Alia Crum, "In Stressful Times, Make Stress Work for You," New York Times, Apr. 1, 2020.

12. Alana Conner et al., "Americans' Health Mindsets: Content, Cultural Patterning, and Associations with Physical and Mental Health," Annals of Behavioral Medicine 53, no. 4 (June 2018): 321–32, doi: 10.1093/abm/kay041.

13. Michael Pollan, "Our National Eating Disorder," New York Times Magazine, Oct. 17, 2004, https://www.nytimes.com/2004/10/17/magazine/our-national-eating-disorder.html.

14. Paul N. Rozin et al., "Attitudes to Food and the Role of Food in Life in the USA, Japan, Flemish Belgium, and France: Possible Implications for the Diet-Health Debate," Appetite 33, no. 2 (Oct. 1999): 163–80, doi: https://doi.org/10.1006/appe.1999.0244.

15. Kaitlin Woolley and AyeletFishbach, "For the Fun of It: Harnessing Immediate Rewards to Increase Persistence in Long-Term Goals," Journal of Consumer Research 42, no. 6 (Apr. 2016): 952–66, doi: 10.1093/jcr/ucv098.

16. Bradley P. Turnwald et al., "Increasing Vegetable Intake by Emphasizing Tasty and Enjoyable Attributes: A Randomized Controlled Multisite Intervention for Taste- Focused Labeling," Psychological Science 30, no. 11 (Nov. 2019): 1603–15, doi: 10.1177/0956797619872191.

17. Bradley P. Turnwald, Danielle Z. Boles, and Alia J. Crum, "Association between Indulgent Descriptions and Vegetable Consumption: Twisted Carrots and Dynamite Beets," JAMA Internal Medicine 177, no. 8 (Aug. 2017): 1216–18, doi: 10.1001/jamainternmed.2017.1637.

18. Luciana Besedovsky, Tanja Lange, and MonikaHaack, "The Sleep-Immune Crosstalk in Health and Disease," Physiological Reviews 99, no. 3 (July 1, 2019): 1325–80, doi: 10.1152/physrev.00010.2018, PubMed PMID: 30920354.

19. Christoph A. Thaiss et al., "Transkingdom Control of Microbiota Diurnal Oscillations Promotes Metabolic Homeostasis," Cell 159, no. 3 (Oct. 2014): 514–29, doi: 10.1016/j.cell.2014.09.048.

第 7 章　我们到底该吃些什么？什么时候吃？

1. Chana Davis, "How Much Protein Do I Need?"https://medium.com/@chanapdavis/how-much-protein-do-you-need-37143cb0d499.

2. Jiaqui Huang et al., "Association between Plant and Animal Protein Intake and Overall and Cause-Specific Mortality," JAMA Internal Medicine 180, no. 9 (Sept. 1, 2020): 1173–84, doi: 10.1001/jamainternmed.2020.2790.

3. Katríona E. Lyons et al., "Breast Milk, a Source of Beneficial Microbes and Associated Benefits for Infant Health," Nutrients 12, no. 4 (Apr. 2020): article 1039, doi: 10.3390/nu12041039, PubMed PMID: 32283875.

4. ŠárkaMusilová et al., "Beneficial Effects of Human Milk Oligosaccharides on Gut Microbiota," Beneficial Microbes 5, no. 3 (Sept. 2014): 273–83, doi: 10.3920/bm2013.0080, PubMed PMID: 24913838.

5. Michael Pollan, "Some of My Best Friends Are Germs," New York Times Magazine, May 15, 2013, https://www.nytimes.com/2013/05/19/magazine/say-hello-to-the-100-trillion-bacteria-that-make-up-your-microbiome.html.

6. Long Ge et al., "Comparison of Dietary Macronutrient Patterns of 14 Popular Named Dietary Programmes for Weight and Cardiovascular Risk Factor Reduction In Adults: Systematic Review and Network Meta- Analysis of Randomised Trials," British Medical Journal 369 (2020): m696, doi: 10.1136/bmj.m696.

7. John B. Furness and David M. Bravo, "Humans as Cucinivores: Comparisons with Other Species," Journal of Comparative Physiology B 185, no. 8 (Dec.2015): 1–10, doi: 10.1007/s00360-015-0919-3.

8. D. Rosenberg and F. Klimscha, "Prehistoric Dining at Tel Tsaf," Biblical Archaeological Review 44, no. 4 (July/August 2018).

9. Ibid.

10. Erica D. Sonnenburg and Justin L. Sonnenburg, "Starving Our Microbial Self: The Deleterious Consequences of a Diet Deficient in Microbiota- Accessible Carbohydrates," Cell Metabolism 20, no. 5 (Aug. 2014): 779–86, doi: 10.1016 /j.cmet.2014.07.003, PubMed PMID: 25156449.

11. David Klurfeld et al., "Considerations for Best Practices in Studies of Fiber or Other Dietary Components and the Intestinal Microbiome," American Journal of Physiology—Endocrinology and Metabolism 315, no. 6 (Aug. 2018): E1087–E1097, doi: 10.1152/ajpendo.00058.2018.

12. BoushraDalile et al., "The Role of Short-Chain Fatty Acids in Microbiota-Gut-Brain Communication," Nature Reviews Gastroenterology & Hepatology 16, no. 8 (Aug. 2019): 461–78, doi: 10.1038/s41575-019-0157-3.

13. Sonnenburg and Sonnenburg, "Starving Our Microbial Self."

14. Denis P. Burkitt, Alec R. P. Walker, and Neil S. Painter, "Effect of Dietary Fibre on Stools and Transit Times, and Its Role in the Causation of Disease," Lancet 300, no. 7792 (Dec. 30, 1972): 1408–11, doi: 10.1016/S0140-6736(72)92974-1.

15. Sonnenburg and Sonnenburg, "Starving Our Microbial Self."

16. Jan-Hendrik Hehemann et al., "Bacteria of the Human Gut Microbiome Catabolize Red Seaweed Glycans with Carbohydrate-Active Enzyme Updates from Extrinsic Microbes," Proceedings of the National Academy of Sciences 109, no. 48 (Nov. 2012): 19786–91, doi: 10.1073/pnas.1211002109, PubMed PMID: 23150581.

17. Sonnenburg and Sonnenburg, "Starving Our Microbial Self."

18. BoushraDalile et al., "The Role of Short-Chain Fatty Acids in Microbiota-Gut-Brain Communication," Nature Review Gastroenterology & Hepatology 16, no. 8 (Aug. 2019): 461–78, Erica Sonnenburg and Justin Sonnenburg, "Starving Our Microbial Self: The Deleterious Consequences of a Diet Deficient in Microbiota- Accessible Carbohydrates," Cell Metabolism 20, no. 5 (November 2014): 779–786.

19. Fernando Cardona et al., "Benefits of Polyphenols on Gut Microbiota and Implications in Human Health," Journal of Nutritional Biochemistry 24, no. 8 (Aug. 2013): 1415–22, doi: https://doi.org/10.1016/j.jnutbio.2013.05.001.

20. SenemKamiloglu et al., "Anthocyanin Absorption and Metabolism by Human Intestinal Caco-2 Cells: A Review," International Journal of Molecular Science 16, no. 9 (Sept. 8, 2015): 21555–74, doi: 10.3390/ijms160921555, PubMed PMID: 26370977.

21. Colin D. Kay et al., "Anthocyanins and Flavanones Are More Bioavailable Than Previously Perceived: A Review of Recent Evidence," Annual Review of Food Science and Technology 8, no. 1 (Feb. 28, 2017): 155–80, doi: 10.1146/annurev-food-030216-025636.

22. DagfinnAune et al., "Fruit and Vegetable Intake and the Risk of Cardiovascular Disease, Total Cancer, and All- Cause Mortality: A Systematic Review and Dose-Response Meta-Analysis of Prospective Studies," International Journal of Epidemiology 46, no. 3 (June 1, 2017): 1029–56, doi: 10.1093/ije/dyw319, PubMed PMID: 28338764.

23. Ke Shen, Bin Zhang, and Qiushi Feng, "Association between Tea Consumption and Depressive Symptom among Chinese Older Adults," BMC Geriatrics 19, no. 1 (Sept. 2019):

article 246, doi: 10.1186/s12877-019-1259-z.

24 Louise Hartlcy et al., "Green and Black Tea for the Primary Prevention of Cardiovascular Disease," Cochrane Database of Systematic Reviews 6, no. 6 (June 2013): article CD009934, doi: 10.1002/14651858.CD009934.pub2, PubMed PMID: CD009934; ShinichiKuriyama, "The Relation between Green Tea Consumption and Cardiovascular Disease as Evidenced by Epidemiological Studies," Journal of Nutrition 138, no. 8 (Aug. 2008): 1548S–1553S, doi: 10.1093/jn/138.8.1548S; TaichiShimazu et al., "Dietary Patterns and Cardiovascular Disease Mortality in Japan: A Prospective Cohort Study," International Journal of Epidemiology 36, no. 3 (June 2007): 600–609, doi: 10.1093/ije/dym005; and P. Elliott Miller et al., "Associations of Coffee, Tea, and Caffeine Intake with Coronary Artery Calcification and Cardiovascular Events," American Journal of Medicine 130, no. 2 (Feb. 2017): 188–97, doi: 10.1016/j.amjmed.2016.08.038, PubMed PMID: 27640739.

25. Sabu M. Chacko et al., "Beneficial Effects of Green Tea: A Literature Review," Chinese Medicine 5, no. 1 (Apr. 2010): 13, doi: 10.1186/1749-8546-5-13, PubMed PMID: 20370896.

26. Shen, Zhang, and Feng, "Association between Tea Consumption and Depressive Symptom."

27. Naghma Khan and Hasan Mukhtar, "Tea Polyphenols for Health Promotion," Life Sciences 81, no. 7 (Aug. 2007): 519–33, doi: 10.1016/j.lfs.2007.06.011, PubMed PMID: 17655876.

28. Fei-Yan Fan, Li-Xuan Sang, and Min Jiang, "Catechins and Their Therapeutic Benefits to Inflammatory Bowel Disease," Molecules 22, no. 3 (Mar. 19, 2017): 484, doi: 10.3390/molecules22030484, PubMed PMID: 28335502.

29. Carolina Cueva et al., "An Integrated View of the Effects of Wine Polyphenols and Their Relevant Metabolites on Gut and Host Health," Molecules 22, no. 1 (Jan. 6, 2017): 99, doi: 10.3390/molecules22010099, PubMed PMID: 28067835.

30. Caroline Le Roy et al., "Red Wine Consumption Associated with Increased Gut Microbiota α-Diversity in 3 Independent Cohorts," Gastroenterology 158, no. 1 (Aug. 2020): 270-272.e2, doi: 10.1053/j.gastro.2019.08.024.

31. Ibid.

32. Alexander Yashin et al., "Antioxidant Activity of Spices and Their Impact on Human Health: A Review," Antioxidants (Basel) 6, no. 3 (Sept. 2017): 70, doi: 10.3390/antiox6030070.

33. NassimaTalhaoui et al., "From Olive Fruits to Olive Oil: Phenolic Compound Transfer in Six Different Olive Cultivars Grown under the Same Agronomical Conditions," International Journal of Molecular Science 17, no. 3 (Mar. 2016): 337, doi: 10.3390/ijms17030337, PubMed PMID: 26959010.

34. Lara Costantini et al., "Impact of Omega-3 Fatty Acids on the Gut Microbiota," International Journal of Molecular Science 18, no. 12 (Dec. 2017): 2645, doi: 10.3390/ijms18122645; and Henry Watson et al., "A Randomised Trial of the Effect of Omega-3 Polyunsaturated Fatty Acid Supplements on the Human Intestinal Microbiota," Gut 67, no. 11 (Nov. 2018): 1974–83, doi: 10.1136/gutjnl-2017-314968.

35. Ruth E. Patterson et al., "Intermittent Fasting and Human Metabolic Health," Journal of the American Academy of Nutrition and Dietetics 115, no. 8 (Apr.2015): 1203–12, doi: 10.1016/j.jand.2015.02.018, PubMed PMID: 25857868.

36. Francesco Sofi, "Fasting- Mimicking Diet: A Clarion Call for Human Nutrition Research or an Additional Swan Song for a Commercial Diet?" International Journal of Food Sciences and Nutrition 71, no. 8 (Dec. 2020): 921–28, doi: 10.1080/09637486.2020.1746959.

37. Leanne Harris et al., "Intermittent Fasting Interventions for Treatment of Overweight and Obesity in Adults: A Systematic Review and Meta-Analysis," JBI Database of Systematic Reviews and Implementation Reports 16, no. 2 (Feb. 2018): 507–47.

38. Vanessa Leone et al., "Effects of Diurnal Variation of Gut Microbes and High-Fat Feeding on Host Circadian Clock Function and Metabolism," Cell Host & Microbe 17, no. 5 (Apr. 2015): 681–89, doi: 10.1016/j.chom.2015.03.006, PubMed PMID: 25891358.

39. Amandine Chaix et al., "Time-Restricted Eating to Prevent and Manage Chronic Metabolic Diseases," Annual Review of Nutrition 39, no. 1 (Aug. 2019): 291–315, doi: 10.1146/annurev-nutr-082018-124320.

40. Amandine Chaix and Amir Zarrinpar, "The Effects of Time-Restricted Feeding on Lipid Metabolism and Adiposity," Adipocyte 4, no. 4 (May 2015): 319–24, doi: 10.1080/21623945.2015.1025184, PubMed PMID: 26451290.

41. Dylan A. Lowe et al., "Effects of Time-Restricted Eating on Weight Loss and Other Metabolic Parameters in Women and Men with Overweight and Obesity: The TREAT Randomized Clinical Trial," JAMA Internal Medicine 180, no. 11 (Sept. 28, 2020): 1491–99, doi: 10.1001/jamainternmed.2020.4153.

第 8 章 肠道健康的关键在于土壤

1. Peter Bakker et al., "The Rhizosphere Revisited: Root Microbiomics," Frontiers in Plant Science 4 (May 30, 2013): 165; Roeland L. Berendsen, Corné Pieterse, and Peter Bakker, "The Rhizosphere Microbiome and Plant Hea lt h," Trends in Plant Science 17 , no . 8 (May 20 12) : 478–86, doi: https ://doi.org/10.1016/j.tplants.2012.04.001; and

StéphaneHacquard et al., "Microbiota and Host Nutrition across Plant and Animal Kingdoms," Cell Host & Microbe 17, no. 5 (May 2015): 603–16, doi: https:/ /doi.org/10.1016/ j .chom.2015.04.009.

2. Shamayim T. Ramírez-Puebla et al., "Gut and Root Microbiota Commonalities," Applied and Environmental Microbiology 79, no. 1 (Jan. 2013): 2–9, doi: 10.1128/AEM.02553-12.

3. Noah Fierer et al., "Reconstructing the Microbial Diversity and Function of Pre-Agricultural Tallgrass Prairie Soils in the United States," Science 342, no. 6158 (Nov. 1, 2013): 621–24, doi: 10.1126/science.1243768.

4. Landscope America, "Tallgrass Prairie Ecosystem," http://www.landscope.org/explore/ ecosystems/disappearing_landscapes/tallgrass_prairie.

5. David R. Montgomery and Anne Biklé, The Hidden Half of Nature: The Microbial Roots of Life and Health, 1st ed. (New York: Norton, 2015).

6. Kishan Mahmud et al., "Current Progress in Nitrogen Fixing Plants and Microbiome Research," Plants 9, no. 1 (Jan. 2020): 97, https://doi.org/10.3390/plants9010097.

7. Alyson E. Mitchell et al., "Ten-Year Comparison of the Influence of Organic and Conventional Crop- Management Practices on the Content of Flavonoids in Tomatoes," Journal of Agricultural and Food Chemistry 55, no. 15 (July 2007): 6154–59, doi: 10.1021/ jf070344+.

8. Richard Jacoby et al., "The Role of Soil Microorganisms in Plant Mineral Nutrition: Current Knowledge and Future Directions," Frontiers in Plant Science 8 (Sept. 19, 2017): 1617.

9. JeyasankarAlagarmalai, "Phytochemicals: As Alternate to Chemical Pesticides for Insects Pest Management," Current Trends Biomedical Engineering & Biosciences 4, no. 1 (May 2017): 3–4, doi: 10.19080/CTBEB.2017.04.555627.

10. Marc-André Selosse, Alain Bessis, and María J. Pozo, "Microbial Priming of Plant and Animal Immunity: Symbionts as Developmental Signals," Trends in Microbiology 22, no. 11 (Nov. 2014): 607–13, doi: https://doi.org/10.1016/j.tim.2014.07.003.

11. Jing Gao et al., "Impact of the Gut Microbiota on Intestinal Immunity Mediated by Tryptophan Metabolism," Frontiers in Cellular and Infection Microbiology 8 (2018): 13; and Jessica M. Yano et al., "Indigenous Bacteria from the Gut Microbiota Regulate Host Serotonin Biosynthesis," Cell 161, no. 2 (Apr. 9, 2015): P264–P276, doi: 10.1016/j.cell.2015.02.047.

12. VadimOsadchiy et al., "Correlation of Tryptophan Metabolites with Connectivity of Extended Central Reward Network in Healthy Subjects, PloS One 13, no. 8 (Aug. 6, 2018): e0201772-e, doi: 10.1371/journal.pone.0201772, PubMed PMID: 30080865.

13. Wikipedia, "Justus von Liebig," https://en.wikipedia.org/wiki/Justus_von_Liebig; and Margaret W. Rossiter, The Emergence of Agricultural Science: Justus Liebig and the Americans, 1840–1880 (New Haven, CT: Yale University Press, 1975).

14. Wikipedia, "Green Revolution," https://en.wikipedia.org/wiki/Green_Revolution; and Hari Krishan Jain, The Green Revolution: History, Impact and Future (Houston, Studium Press, 2010).

15. David R. Montgomery and Anne Biklé, The Hidden Half of Nature: The Microbial Roots of Life and Health, 1st ed. (New York: Norton, 2015).

16. Anne Biklé and David R. Montgomery, "Junk Food Is Bad for Plants, Too," Nautilus, Mar. 31, 2016, http://nautil.us/issue/34/adaptation/junk-food-is-bad-for-plants-too.

17. Ibid.

18. US Environmental Protection Agency, "Organic Farming," https://www.epa.gov/agriculture/organic-farming.

19. Miles McEvoy, "Organic 101: What the USDA Organic Label Means," US Department of Agriculture, https://www.usda.gov/media/blog/2012/03/22/organic-101-what- usda- organic-label-means.

20. Rodale Institute, "Regenerative Organic Agriculture and Climate Change: A Down-to-Earth Solution to Global Warming," 2014, https://rodaleinstitute.org/wp-content/uploads/rodale-white-paper.pdf.

21. Ibid.

第 9 章 "大健康" 理念让微生物系统相互联系和交流

1. Bin Ma et al., "Earth Microbial Co-occurrence Network Reveals Interconnection Pattern across Microbiomes," Microbiome 8, 82 (2020), doi: 10.1186/s40168-020-00857-2.

2. Earth Microbiome Project, https://earthmicrobiome.org.

3. World Economic Forum, "Save the Axolotl: Dangers of Accelerated Biodiversity Loss," https://reports.weforum.org/global- risks-report-2020/save-the-axolotl; and Eric Chivian and Aaron Bernstein, eds., Sustaining Life: How Human Health Depends on Biodiversity (New York: Oxford University Press, 2008).

4. Delphine Destoumieux-Garzón et al., "The One-Health Concept: Ten Years Old and a Long Road Ahead," Frontiers in Veterinary Science 5 (Feb. 2018): 14.

5. Ibid.

6. Walter Willett et al., "Food in the Anthropocene: The EAT– Lancet Commission on Healthy Diets from Sustainable Food Systems," Lancet 393, no. 10170 (Feb. 2, 2019): 447–92,

doi: 10.1016/S0140-6736(18)31788-4.

7. Frank B. Hu, Brett O. Otis, Gina McCarthy, "Can Plant-Based Meat Alternatives Be Part of a Healthy and Sustainable Diet?," JAMA, 2019; 322(16):1547–1548.

8. Anahad O'Connor, "Fake Meat vs. Real Meat," New York Times, December 3, 2019, nytimes.com/2019/12/03/well/eat/fake-meat-vs-real- meat.html?smid=em-share

9. Yvon Chouinard, "Why Food?" Patagonia Provisions, Apr. 23, 2020, https://www.patagoniaprovisions.com/pages/why- food- essay.

10. Ibid.

11. Yvon Chouinard, Let My People Go Surfing: The Education of a Reluctant Businessman (New York: Penguin Books, 2006).

12. Patagonia Provisions, "B Lab," B Corp statement, https://www.patagonia.com/b-lab.html.

13. Certified B Corporation, https://bcorporation.net.

14. Danone, "B Corp," https://www.danone.com/about-danone/sustainable-value-creation/BCorpAmbition.html.

15. Ann Abel, "Local, Sustainable, and Delicious: Here's How the Coronavirus Helped One Michelin Chef Share His Food Philosophy," Forbes, June 16, 2020, https://www.forbes.com/sites/annabel/2020/06/16/local-sustainable-and-delicious-heres-how-the-coronavirus-helped-one-michelin-chef-share-his-food-philosophy.